SINGVÖGEL

 erleben und schützen

VOGELSTIMMEN
per QR-Codes und auf Audio-CD

Gesänge und Rufe unserer Singvögel – per QR-Codes

In diesem reich bebilderten Band finden Sie auf den Seiten 34 bis 205 ausführliche Artenporträts zu insgesamt 88 der häufigsten mitteleuropäischen Singvögel. Zu Beginn jeder vorgestellten Vogelart befindet sich ein QR-Code, mit dessen Hilfe Sie zu Hause oder unterwegs auf Ihrem Smartphone oder Tablet die charakteristischen Gesänge oder Rufe der jeweiligen Vogelart wiedergeben können. Und so geht's:

> Eine beliebige App zum Scannen von QR-Codes – die gibt es kostenlos in jedem App-Store – auf dem Smartphone oder Tablet installieren, falls noch nicht vorhanden.

> Die App starten und den QR-Code aus dem Buch scannen. Die Vogelstimme abspielen.

> Scannen Sie den oben rechts abgebildeten QR-Code, um die Übersichtsseite mit allen Audiodateien aufzurufen.

Alternativ lassen sich die Gesänge und Rufe auch an jedem PC oder Laptop abspielen und zusätzlich herunterladen. Einfach den folgenden Link in der Adresszeile des Browsers eingeben und in der Artenliste (geordnet in der systematischen Reihenfolge des Buches) die gewünschte Vogelstimme aufrufen:

> http://more4u.online/DMf

Audio-CD „Gesänge und Rufe unserer Singvögel"

Selbstverständlich können Sie die Vielfalt unserer heimischen Vogelwelt auch ganz bequem mithilfe der beiliegenden Vogelstimmen-CD genießen und so ganz nebenbei die Gesänge und Rufe der im Buch vorgestellten 88 Vogelarten besser kennenlernen. Ob zu Hause oder unterwegs – wir wünschen viel Spaß und Freude bei Ihrer ganz individuellen Vogelstimmen-Exkursion!

Die Reihenfolge auf der Audio-CD entspricht der systematischen Ordnung im Buch und ist in der folgenden Übersicht dargestellt. Zusätzlich hören Sie ganz zu Beginn – zusammengefasst in der allerersten Tonspur – einzeln nacheinander die zehn charakteristischen Gesänge der morgendlichen Vogeluhr (siehe Darstellung auf den Seiten 32 und 33).

Audio-CD	Buch-seite		Vogelart
1 (1)	33	Vogeluhr 4.00 Uhr	Gartenrotschwanz
1 (2)	33	Vogeluhr 4.10 Uhr	Rotkehlchen
1 (3)	33	Vogeluhr 4.15 Uhr	Amsel
1 (4)	33	Vogeluhr 4.20 Uhr	Zaunkönig
1 (5)	33	Vogeluhr 4.30 Uhr	Kuckuck
1 (6)	33	Vogeluhr 4.40 Uhr	Kohlmeise
1 (7)	33	Vogeluhr 4.50 Uhr	Zilpzalp
1 (8)	33	Vogeluhr 5.00 Uhr	Buchfink
1 (9)	33	Vogeluhr 5.20 Uhr	Haussperling
1 (10)	33	Vogeluhr 5.40 Uhr	Star

Audio-CD	Buch-seite	Vogelart	
2	36	Feldlerche	*Alauda arvensis*
3	38	Haubenlerche	*Galerida cristata*
4	40	Mehlschwalbe	*Delichon urbicum*
5	44	Rauchschwalbe	*Hirundo rustica*
6	48	Uferschwalbe	*Riparia riparia*
7	49	Zilpzalp	*Phylloscopus collybita*
8	50	Fitislaubsänger	*Phylloscopus trochilus*
9	52	Schwanzmeise	*Aegithalos caudatus*
10	55	Rohrschwirl	*Locustella luscinioides*
11	56	Feldschwirl	*Locustella naevia*

Audio-CD	Buch-seite	Vogelart	
12	57	Drosselrohrsänger	*Acrocephalus arundinaceus*
13	58	Teichrohrsänger	*Acrocephalus scirpaceus*
14	60	Gelbspötter	*Hippolais icterina*
15	62	Blassspötter	*Iduna pallida*
16	63	Mönchsgrasmücke	*Sylvia atricapilla*
17	65	Gartengrasmücke	*Sylvia borin*
18	66	Klappergrasmücke	*Sylvia curruca*
19	67	Sperbergrasmücke	*Sylvia nisoria*
20	68	Bartmeise	*Panurus biarmicus*
21	72	Blaumeise	*Cyanistes caeruleus*
22	76	Haubenmeise	*Lophophanes cristatus*
23	78	Kohlmeise	*Parus major*
24	86	Tannenmeise	*Periparus ater*
25	88	Weidenmeise	*Poecile montanus*
26	89	Sumpfmeise	*Poecile palustris*
27	90	Beutelmeise	*Remiz pendulinus*
28	92	Sommergoldhähnchen	*Regulus ignicapilla*
29	93	Wintergoldhähnchen	*Regulus regulus*
30	94	Zaunkönig	*Troglodytes troglodytes*
31	96	Kleiber	*Sitta europaea*
32	98	Mauerläufer	*Tichodroma muraria*
33	99	Gartenbaumläufer	*Certhia brachydactyla*
34	101	Seidenschwanz	*Bombycilla garrulus*
35	105	Star	*Sturnus vulgaris*
36	108	Wasseramsel	*Cinclus cinclus*
37	110	Rotdrossel	*Turdus iliacus*
38	111	Amsel	*Turdus merula*
39	114	Singdrossel	*Turdus philomelos*
40	115	Wacholderdrossel	*Turdus pilaris*
41	117	Misteldrossel	*Turdus viscivorus*
42	118	Rotkehlchen	*Erithacus rubecula*
43	122	Trauerschnäpper	*Ficedula hypoleuca*
44	123	Sprosser	*Luscinia luscinia*
45	124	Nachtigall	*Luscinia megarhynchos*
46	126	Blaukehlchen	*Luscinia svecica*
47	128	Steinrötel	*Monticola saxatilis*
48	129	Grauschnäpper	*Muscicapa striata*
49	130	Steinschmätzer	*Oenanthe oenanthe*
50	132	Hausrotschwanz	*Phoenicurus ochruros*
51	134	Gartenrotschwanz	*Phoenicurus phoenicurus*
52	136	Schwarzkehlchen	*Saxicola rubicola*
53	137	Heckenbraunelle	*Prunella modularis*
54	138	Bachstelze	*Motacilla alba*
55	140	Gebirgsstelze	*Motacilla cinerea*
56	141	Schafstelze	*Motacilla flava*
57	143	Wiesenpieper	*Anthus pratensis*
58	144	Schneefink	*Montifringilla nivalis*
59	145	Haussperling	*Passer domesticus*
60	150	Weidensperling	*Passer hispaniolensis*
61	151	Feldsperling	*Passer montanus*
62	153	Birkenzeisig	*Acanthis flammea*
63	154	Stieglitz	*Carduelis carduelis*
64	158	Zitronenzeisig	*Carduelis citrinella*
65	159	Grünfink	*Chloris chloris*
66	162	Kernbeißer	*Coccothraustes coccothraustes*
67	164	Buchfink	*Fringilla coelebs*
68	166	Bergfink	*Fringilla montifringilla*
69	167	Bluthänfling	*Linaria cannabina*
70	169	Fichtenkreuzschnabel	*Loxia curvirostra*
71	170	Gimpel	*Pyrrhula pyrrhula*
72	172	Girlitz	*Serinus serinus*
73	173	Erlenzeisig	*Spinus spinus*
74	174	Grauammer	*Emberiza calandra*
75	175	Zippammer	*Emberiza cia*
76	176	Goldammer	*Emberiza citrinella*
77	177	Ortolan	*Emberiza hortulana*
78	178	Rohrammer	*Emberiza schoeniclus*
79	179	Schneeammer	*Plectrophenax nivalis*
80	180	Neuntöter	*Lanius collurio*
81	183	Raubwürger	*Lanius excubitor*
82	184	Pirol	*Oriolus oriolus*
83	186	Kolkrabe	*Corvus corax*
84	190	Aaskrähe	*Corvus corone*
85	194	Saatkrähe	*Corvus frugilegus*
86	196	Dohle	*Corvus monedula*
87	198	Eichelhäher	*Garrulus glandarius*
88	202	Tannenhäher	*Nucifraga caryocatactes*
89	204	Elster	*Pica pica*

INHALT

ARTENPORTRÄTS DER SINGVÖGEL

SINGVÖGEL IN GEFAHR

Wenn eine Fußball-Weltmeisterschaft stattfindet, nehmen unzählige Menschen von diesem Ereignis Notiz. Sie stellt einen sportlichen Höhepunkt dar, dem die Menschen entgegenfiebern und worüber viel diskutiert wird. Dagegen werden Veränderungen, die mehr oder weniger schleichend und tagtäglich ablaufen, kaum wahrgenommen, auch wenn die Ausmaße, über einen längeren Zeitraum gesehen, viel dramatischere Ergebnisse ans Licht befördern, als das bei einer Fußballweltmeisterschaft je der Fall sein kann.

Dementsprechend hat kaum jemand registriert, dass in den letzten 20 Jahren die Anzahl der Brutvogelpaare in Mitteleuropa einen stetigen Rückgang zu verzeichnen hatte. Dabei beliefen sich die Zahlen nicht etwa auf einige hundert oder tausend Brutpaare, sondern auf Millionen. Im letzten Jahrzehnt sank diese Zahl pro Jahr um mehr als eine Million. Darin waren auch jährlich einige hunderttausend Singvögel enthalten. Wo trifft man heute noch große Schwärme von Hausspatzen an? Wo sind die vielen Stare hin, die einst über die frisch gemähten Wiesen stolzierten, um Nahrung zu suchen? Wo kann man noch – wie vor 50 Jahren überall auf den landwirtschaftlichen Flächen – Feldlerchen beobachten, die ihr Liedchen trällern? Ähnlich sieht es bei den Beständen der Haubenlerche aus. Vor einigen Jahrzehnten gehörte dieser Vogel noch zu den regelmäßigen Besuchern des winterlichen Futterhäuschens. Diese und viele andere Sing-

▼ *Weltweit ist der Star einer der häufigsten Singvögel. In den letzten Jahrzehnten gingen die Bestände bei uns allerdings stark zurück.*

vögel sind selten geworden. Manche sogar so selten, dass viele Menschen sie noch nie zu Gesicht bekommen haben.

Eine Ursache für diesen gravierenden Rückgang liegt darin, dass die Menschen in den letzten 100 Jahren immer häufiger chemische Dünge-, Pflanzenschutz- und Insektenbekämpfungsmittel einsetzten, um die Erträge auf den landwirtschaftlichen, gärtnerischen und forstlichen Flächen zu steigern. Hinzu kam eine immer weiter fortschreitende Reduzierung des Anteils an Wiesen, Weiden und Brachflächen. Stattdessen wurden viele Flächen umgepflügt, um darauf Raps und Mais anzubauen. Die Folgen für die Vogel- und Insektenwelt sowie auf andere Tiergruppen wurden kaum bedacht. Mit diesen Eingriffen in die Natur und Landschaft verringerte sich zudem noch die Anzahl der Pflanzen, die für Insekten wichtige Nahrungslieferanten waren. Ein Großteil dieser Insekten verkörperte wiederum die Hauptnahrung von zahlreichen Singvogelarten. Doch damit nicht genug, durch die an Strukturen immer ärmer werdende Landschaft verloren auch viele Singvögel einen Großteil ihrer Bruträume. Dazu gehörten beispielsweise Arten, die in Schilfbeständen lebten oder Hecken- und Feldgehölze als Brutbiotope bevorzugten.

Engagement für alle Singvögel

Innerhalb der etwa 5700 Arten umfassenden Ordnung der Sperlings-

vögel bilden die Singvögel mit etwa 4000 Arten die mit Abstand umfangreichste Unterordnung. Bei den Singvögeln handelt es sich vorwiegend um kleinere Vögel, deren Länge von der Schnabelspitze bis zum Schwanzende oft weniger als 20 Zentimeter beträgt. Der Gigant innerhalb dieser kleinen Gesellschaft ist jedoch der auch in Europa heimische Kolkrabe, der eine Körperlänge von deutlich über 60 Zentimeter erreicht.

Es ist verständlich, dass die meisten Menschen in erster Linie den einheimischen Singvögeln helfen und sich für deren Erhaltung engagieren möchten. Aber trotzdem sollte man bei allem Engagement keine Sichtweise entwickeln, die nur bis zum eigenen Garten oder Futterhäuschen reicht.

Genauso wichtig wie die heimischen Schutzmaßnahmen sind auch Arterhaltungsprojekte, die in benachbarten Ländern oder auf anderen Kontinenten erfolgen. Leistet man beispielsweise einen Beitrag, dass weniger Rodungen in Afrika stattfinden, hilft das direkt auch vielen einheimischen Vögeln, die auf diesem Kontinent den Winter verbringen. Gleichzeitig hilft man auch die ständig dort lebenden Vertreter der Singvogelwelt zu schützen, zu denen unter anderem so prachtvoll gefärbte Arten wie der Goldweber *(Ploceus subaureus),* der Dreifarben-Glanzstar *(Lamprotornis superbus)* oder der Granatastrild *(Uraeginthus granatina)* gehören.

▲ *Ein paar farbenprächtige Vertreter der Singvögel – von oben nach unten: Dreifarben-Glanzstar* (Lamprotornis superbus), *Goldweber* (Ploceus subaureus) *und Granatastrild* (Uraeginthus granatina)

GEZIELTE HILFEN FÜR DIE KLEINEN

Wie zu Beginn schon erwähnt, besteht ein enger Zusammenhang zwischen dem tendenziellen Rückgang vieler Vogelarten und der Vernichtung von Insekten und auch Schnecken. Zugegeben, bei vielen von ihnen handelt es sich um Schädlinge, denen man deshalb mit Bioziden zu Leibe rückt. Allerdings wirken die meisten dieser Schädlingsbekämpfungsmittel nicht selektiv. Im Gegenteil, sie vernichten oder schädigen auch nützliche Arten wie z. B. Honigbienen und Marienkäfer.

Aber es sind nicht nur die Landwirte und Forstleute, die sich der berüchtigten „chemischen Keule" bei der Schädlingsbekämpfung bedienen. Auch zahlreiche Gartenbesitzer entscheiden sich zuweilen für derartige Radikaleinsätze, obwohl gute Alternativen vorhanden wären, von denen nachfolgend einige vorgestellt werden.

Kohlpflanzen abdecken

Selbstverständlich möchte niemand, dass seine mühsam aufgezogenen Kohlpflanzen zu einem „reichhaltig gedeckten Tisch" für die scheinbar nimmersatten Larven (umgangssprachlich als Raupen bezeichnet) der Kohlweißlinge werden. An dieser Stelle sollte man jedoch einmal überlegen, ob es wirklich notwendig ist, die Pflanzen mit „Chemie" prophylaktisch gegen Kohlweißlingslarven zu behandeln. Eine Abdeckung mit einem feinmaschigen Insektennetz erzielt nicht nur den gleichen oder gar besseren Effekt, sondern hat auch weitere positive Auswirkungen: Bei einem derartigen „Netzeinsatz" läuft man nicht Gefahr, chemische Rückstände von nicht abgebauten Pflanzenschutzmitteln zu verzehren, die von den Kohlpflanzen über die Wurzel aufgenommen wurden. Außerdem schädigt oder tötet man vor allem durch Einsatz eines solchen

◄ *Die fleißigen Honigbienen sind als Blütenbestäuber unverzichtbar.*

▼ *Abdecken von Kohlpflanzen mit Netzen*

Netzes keine nützlichen Insekten und sonstige Kleinlebewesen.

Schneckenfraß

Eine weitere Möglichkeit zum Schutz wertvoller Salat- und Gemüsepflanzen – in diesem Fall vor Schneckenfraß – besteht darin, sie mit einer dichten Rabatte sogenannter Lockpflanzen zu umgeben. Dafür eignen sich unter anderem Studentenblumen

(Gattung *Tagetes*) hervorragend. Diese Blumen stellen für die Nacktschnecken absolute Leckerbissen dar, sodass sie sich dann fast nie an den restlichen Gartenpflanzen „schadlos halten". Wie jede Medaille zwei Seiten besitzt, hat leider auch die „Bekämpfung" mit Lockpflanzen den Nachteil, dass man die unliebsamen Schnecken dabei noch regelrecht mästet. Allerdings eröffnet sich zugleich die Chance, die Schnecken gezielt in gro-

ßen Mengen von den Studentenblumen abzusammeln und sie anschließend zu entsorgen.

Blattlausbekämpfung

Anstatt der Verwendung von Chemikalien hat sich im Rahmen der vorbeugenden Blattlausbekämpfung der Einsatz von Brennnesseljauche gut bewährt. Dieses Mittel erweist sich nicht nur als völlig harmlos für andere Insekten, sondern die Tropfen, die zu Boden fallen, stellen auch einen guten Pflanzendünger dar.

Zur Herstellung von 30 Liter Jauche werden etwa 4–5 Kilogramm frische Brennnesseln benötigt. Diese zerkleinert man mit der Gartenschere und gibt sie in einen großen Behälter, beispielsweise eine leere Regentonne oder eine saubere Mörtelwanne. Dann gießt man Wasser dazu und lässt diesen Ansatz fünf Tage lang an einem sonnigen, warmen Platz stehen. Während dieser Zeit entwickelt sich der Ansatz zu einer unangenehm riechenden Jauche, aus der man vor dem Versprühen beziehungsweise Vergießen, noch die teilverrotteten Brennnesselstücke entfernt. Dazu spannt man ein

Stück Sackleinen als Filter über einen leeren Eimer und gießt die Jauche hindurch. Zum anschließenden Versprühen eignet sich am besten eine handelsübliche Pflanzenspritze.

Obstbäume schützen

Um nützliche Insekten zu schonen und gleichzeitig Obstgehölze vor den Larven des Kleinen Frostspanners *(Operophtera brumata)* zu schützen, eignen sich sowohl im Fachhandel erhältliche Leimringe als auch Wellpappengürtel. Die Leimringe bestehen aus Papier oder Kunststoffgewebe, das mit klebrigen Substanzen beschichtet wurde. Mithilfe dieser Leimringe, die man um die Stämme bindet, werden neben den flugunfähigen Weibchen des Frostspanners auch Ameisen und Blattläuse gefangen, die an den Gehölzen emporklettern wollen.

Ein ähnlicher Effekt lässt sich an zahlreichen Obstbäumen auch mit einem „Gürtel aus Wellpappe" erzielen. Zu diesem Zweck bindet man Ende Mai einen mindestens 15 Zentimeter breiten Wellpappenstreifen um jeden Stamm. Sowohl die Larven des Apfelwicklers *(Cydia pomonella)* als auch des Pflaumenwicklers *(Grapholita funebrana)* nehmen solche Wellpappenstreifen gern als Versteck an. Anschließend ist dann nur noch eine wöchentliche Kontrolle erforderlich. Falls sich Larven darin eingenistet haben, werden die Streifen einfach abgebunden und gegen neue ausgetauscht.

Farbtafeln gegen Schadinsekten

Eine selektive Bekämpfung schädlicher Insekten kann ebenfalls mittels Farbtafeln erfolgen. Bei diesen Tafeln handelt es sich um zumeist leuchtend gelbe Platten, die mit klebrigen Substanzen bestrichen sind. Für eine Vielzahl von Schädlingen, darunter geflügelte Blattläuse, Weiße Fliegen und Trauermücken, stellen die Tafeln ein äußerst attraktives Lockmittel dar. Angezogen von der gelben Farbe gelangen die Insekten auf die klebrige Oberfläche und können sich nicht mehr befreien.

Insektenhotels und Nützlingsquartiere

Bei ihrer Suche nach Insekten und deren Larven sind die Singvögel leider nicht darauf festgelegt, nur solche zu fressen, die nach menschlichem Ermessen Schädlinge darstellen. Stattdessen verschwinden auch zahlreiche nützliche Insekten in ihren Schnäbeln.

▲ *Leimring an einem Obstbaum*

▲ *Blattläuse gehören zu den häufigsten Pflanzenschädlingen.*

▶ Florfliegen und vor allem ihre auch als „Blattlauslöwen" bezeichneten Larven zählen zu den wichtigsten Blattlausvertilgern im Garten.

Um diese Arten zu fördern und sie bei ihrer Vermehrung sowie beim Überwintern zu unterstützen, bietet es sich an, im Garten ein Insektenhotel zu errichten. Dabei handelt es sich um einen regalähnlichen, aus Kant- oder Rundhölzern gefertigten Stand, der mit einer Überdachung versehen ist. Um eine möglichst große Vielfalt von Verstecken zu gewährleisten, die den Ansprüchen zahlreicher Insektenarten genügen, füllt man die einzelnen Etagen mit den unterschiedlichsten Materialien aus – wie etwa Hohlblocksteine, Bambusrohre, Schilfhalme, leere Schneckengehäuse, Holzwolle,

Stroh sowie Holz- und Borkenstücke. Diese Materialien werden möglichst so hineingeschichtet, dass dazwischen zahlreiche kleine Lücken und Spalten entstehen, die den Insekten als Quartiere dienen.

▼ Ein professionelles Insektenhotel

Wer kein ganzes Insektenhotel aufstellen, aber zumindest den Florfliegen etwas Gutes tun möchte, kann im Herbst einige größere Blumentöpfe mit sauberem, trockenem Getreidestroh ausstopfen und anschließend glockenartig an Bäume hängen. Zusätzlich hat es sich bewährt, ein enges Maschendrahtgeflecht fest über die Blumentöpfe zu binden. Dadurch wird einerseits verhindert, dass das Stroh wieder herausfallen kann, und andererseits haben Vögel keine Chance, darin herumzuwühlen und das Stroh stattdessen für den Nestbau zu verwenden. Auch Brennholzstapel, die zum Trocknen aufgeschichtet wurden, eignen sich als gut angenommene Winterquartiere für Nützlinge. Die Insekten und Spinnen verstecken sich in den kleineren Spalten und Hohlräumen, die in derartigen Stapeln zumeist sehr zahlreich vorhanden sind.

TISCHLEIN-DECK-DICH FÜR SINGVÖGEL

Ein noch immer viel diskutiertes Thema, bei dem die Beteiligten oft kontroverse Meinungen vertreten, ist die Vogelfütterung. Während die einen nur eine winterliche Fütterung befürworten, sind die anderen der Auffassung, dass ganzjährige Fütterungshilfen am besten für die Vögel geeignet wären. Von vielen Naturschutzorganisationen wird die Ganzjahresfütterung schon allein deshalb abgelehnt, weil in Städten und Dörfern selten mehr als 10–15 Vogelarten von ihr erreicht werden. Mit Ausnahme des Haussperlings sind diese Arten allerdings in ihrem Bestand nicht gefährdet. Einen Beitrag zum Artenschutz leistet die ganzjährige Vogelfütterung somit nicht.

Als Hauptargument führen die Verfechter der ganzjährigen Fütterungshilfen an, dass bei zahlreichen Singvogelarten in den letzten Jahrzehnten rückläufige Bestandszahlen zu verzeichnen sind. Allerdings stellt sich dabei die Frage, ob durch eine solche Ganzjahresfütterung wirklich die negative Bestandsentwicklung gestoppt wird oder eher das Problem birgt, dass die Vögel „bequem" werden. So wird zumindest ein Teil der Vögel auch eine verminderte Intensität bei der Bekämpfung von Schadinsekten an den Tag legen. Hinzu kommt, dass für eine einigermaßen artgerechte Fütterung den meisten Singvögeln im Sommerhalbjahr kleine, tierische Nahrung angeboten werden müsste. Denn die Vögel während des Sommers nur mit geschälten Sonnenblumenkernen oder ähnlichen Komponenten zu füttern, ist keinesfalls zuträglich für viele Arten, da sich deren spezifische Nahrungsgewohnheiten und Verhaltensweisen, also die Aufnahme und Verfütterung von tierischen und pflanzlichen Bestandteilen im Jahreslauf, von Art zu Art unterscheiden.

Als ein für viele Singvögel gut geeignetes Sommer-Lebendfutter kämen sicherlich Mehlwürmer in Frage, bei denen es sich um die Larven des Mehlkäfers *(Tenebrio molitor)* handelt. Falls man diese Larven regelmäßig im Fachhandel erwirbt, ist das allerdings eine recht kostenintensive Angelegenheit. Das Anbieten der Mehlwürmer kann in der Weise erfolgen, dass man ein kleines Blechgefäß auf einen Pfahl montiert, der unter einem Baum oder an einem sonstigen schattigen Ort steht. Die Menge an Mehlwürmern, die man täglich in dieses Gefäß gibt, hängt vor allem von der Anzahl der vorhandenen Vögel ab, die dieses Futter annehmen.

Winterfütterung von Vögeln

Im Unterschied zu der noch recht jungen Ganzjahresfütterung wird die Winterfütterung in einigen Teilen Europas bereits seit mehr als 100 Jahren prak-

▲ *Sonnenblumenkerne sind ein ganz typisches Vogelfutter.*

▲ *Bei Mehlwürmern handelt es sich um die Larven des Mehlkäfers.*

▼ *Leinsamen*

▼ *Maiskörner*

► Brot gehört nicht als Meisennahrung ins Futterhaus.

► Die Früchte der Berberitze werden von vielen Vögeln im Winter gern gefressen.

tiziert. Zu diesem Zweck erfolgt häufig die Bestückung eines auch als Futterstation bezeichneten Futterhäuschens mit Sonnenblumenkernen, Erdnüssen, (grob gehackten) Haselnüssen, Maiskörnern sowie Getreide-, Hanf- und Leinsamen.

Um die Vögel allmählich an die Futterstation zu gewöhnen, ist es ratsam, bereits im Herbst regelmäßig ein wenig Nahrung darin zu platzieren. Dies dient nicht primär zum Sattwerden, sondern nur zum Anlocken der Vögel, damit sie diesen Ort bei einer schnellen Wetterverschlechterung bereits kennen und nicht erst auf Futtersuche gehen müssen.

Besonders wichtig ist eine reichliche Winterfütterung, sobald der Schnee eine tiefe, geschlossene Decke bildet oder eine dünne Eisschicht die Bäume und Sträucher überzieht. Unter derartigen Bedingungen fällt es

vielen Arten ausgesprochen schwer, die erforderlichen Futtermengen zu finden, die zur Aufrechterhaltung aller Körperfunktionen notwendig sind. Dagegen erbeuten zahlreiche Vögel bei milder winterlicher Witterung noch etwas Kleingetier, das sich beispielsweise in den Borkenritzen und im Falllaub versteckt hält. Außerdem finden die Körner- und Früchtefresser dann zumeist noch an zahlreichen Pflanzen ausgereifte Samenstände beziehungsweise halb getrocknete Beeren und Früchte.

Verständlicherweise erfreuen sich viele Menschen daran, wenn sie ein besonders formschönes Futterhäuschen in ihrem Garten platzieren, das vielleicht sogar mit einigen angenagelten Fichtenzapfen und etwas Birkenrinde verschönert wurde. Um jedoch ganz ehrlich zu sein, derartige Verzierungen interessieren die Vögel kaum. Für sie ist es viel entscheiden-

am Futterhäuschen oder in Gehölzen aufgehängt werden. Es handelt sich dabei um eine oder mehrere Samensorten, die entweder nur von einem Netz umgeben oder zusätzlich in ungesalzenem Fett eingebettet sind.

Eine Meisenglocke lässt sich leicht selbst herstellen – und Kindern bereitet es zumeist sehr viel Spaß, wenn sie dabei helfen können. Zur Fertigung benötigt man einen leeren Blumentopf aus Steingut, in dessen Boden sich ein Wasserabzugsloch befindet. Durch dieses steckt man einen zuvor u-förmig gebogenen Aluminiumdraht, dessen untere Enden rechtwinklig abgeknickt wurden. Dieser Draht dient später als Aufhängung für die Glocke. Die noch vorhandene Lochöffnung verschließt man mit flüssigem Bienenwachs.

Zum Befüllen der Glocke schmilzt man Fett, beispielsweise aus dem Gekröse oder dem Bauchspeck eines Schweines. Nachdem es weitgehend erkaltet, aber noch flüssig ist, gibt man Sämereien, Nüsse oder beides hinein. Nach dem Verfestigen der Masse wird die Glocke an geeigneter Stelle aufgehängt.

◄ *Zwei Meisen an einem Futterknödel*

KEIN BROT FÜR MEISEN

In der Vergangenheit hat es sich bei der Winterfütterung von Meisen häufig als Fehler herausgestellt, vorwiegend hartes Brot beziehungsweise Brötchen anzubieten. Manche der Meisen spezialisierten sich so stark auf diese Nahrung, dass sie in der folgenden Brutperiode versuchten, ihre Jungen ebenfalls damit zu füttern. Zu diesem Zweck suchten sie beispielsweise Brot- und Brötchenreste in öffentlichen Papierkörben. Für die Jungvögel war derartiges Futter jedoch absolut ungeeignet, weil es zwar viele Kohlenhydrate, aber zu wenige Proteine (Eiweiß) enthielt. In zahlreichen Fällen erreichten die Nestlinge dann nicht das Stadium des Flüggewerdens, sondern starben zuvor an Protein- oder Vitaminmangel.

der, dass in regelmäßigen Abständen eine Nachbefüllung mit Futter erfolgt und der Standort des Futterhäuschens so gewählt wurde, dass sich Katzen oder sonstige potenzielle Feinde nicht unbemerkt anschleichen können.

Manche Futterhäuschen sind an ein oder zwei Seiten mit kleinen Brettchen versehen. Diesen Vorteil sollte man nutzen und darauf achten, dass beim Aufstellen beziehungsweise Anbringen diese Seiten in die Hauptwindrichtung zeigen. Dadurch erreicht man zumeist, dass auch bei starkem Wind kaum Futter aus dem Häuschen getragen wird.

Meisenknödel, Meisenringe, Meisenglocken

Als ein artgerechtes Winterfutter für Meisen haben sich Meisenknödel, -ringe und -glocken erwiesen, die

▼ *Meisenringe*

HILFEN BEIM EIGENHEIMBAU

▲ *Ein Kleiber am vor-
gezogenen Einflugloch
seines Nistkastens aus
Holzbeton*

▼ *Die Amsel ist ein
Freibrüter, die ihr Nest
zumeist in Bäumen
oder Sträuchern baut.*

Ursprünglich konnten Vögel nur natürliche Gegebenheiten – wie etwa Baumhöhlen oder Vorjahresnester – als Nistplätze nutzen beziehungsweise sie mussten ihre Nester eigenständig in Sträuchern und Bäumen errichten. Je mehr jedoch in den letzten 100 Jahren bei uns Menschen die Erkenntnis reifte, dass sich innerhalb der Vogelwelt zahlreiche Nützlinge befinden, wurden insbesondere viele der Singvogelarten immer häufiger gezielt unterstützt. So werden heutzutage beispielsweise Nistkästen aufgehängt, die in ihrer Konstruktion die jeweils spezifischen Ansprüche berücksichtigen, die die einzelnen Vogelarten an ihre „Kinderstube" haben. Des Weiteren lassen sich im Garten auch Nisthilfen für sogenannte Freibrüter – das sind Vogelarten, die keine Höhlen beziehen – beispielsweise in Form von Nistquirlen und Nistbüschen anbringen.

Unterstützung für Höhlen- und Halbhöhlenbrüter

Der Nistkasten ist neben dem alten Wagenrad, das die Bauern oft als Unterlage für Storchennester auf den Dächern ihrer Scheunen oder Ställe anbrachten, die klassischste Form der Bruthilfe. Wer jedoch beabsichtigt, für eine bestimmte Vogelart gleich mehrere Nistkästen in seinem Garten anzubringen, sollte im Vorfeld gut überlegen, ob das Grundstück dafür auch groß genug ist. Während der Brutzeit besetzen nämlich die meisten Vogelarten Reviere, in denen sie keine Artgenossen dulden.

Deshalb sollte man sich bei der Verteilung der Nistkästen auf einer sehr großen Grundfläche an folgender Faustregel orientieren: Nistkästen für eine bestimmte Art werden in der größtmöglichen Entfernung zueinander angebracht, damit sich die künftigen Reviere der Vögel möglichst nicht überlappen. Auf kleineren Grundstücken ist es dagegen oft besser, Kästen für unterschiedliche Arten zu installieren als mehrere Kästen für eine Art.

Die erforderlichen Nistkästen kann man entweder selbst bauen oder im Fachhandel erwerben, wobei dieser sowohl Modelle aus Holz als auch Holzbeton anbietet. Holzbeton besteht aus einem industriell hergestellten Gemisch aus Zement und groben Sägespänen. Nistkästen aus Holzbeton bieten den Vorteil, dass sie deutlich langsamer verwittern und aufgrund der Härte des Materials einen besseren Schutz gegen Nesträuber bieten. Insbesondere die Modelle mit vorgezogenem Einflugloch ermöglichen es Mardern und Eichhörnchen nicht, mit ihren Pfoten bis zu den Nestlingen vorzudringen, um diese herauszuziehen. Zusätzlich bietet ein solches Einflugloch den Vorteil, dass sich die Altvögel auch bei feuchter Witterung nicht mit nassem Gefieder zwischen ihre Jungen begeben müssen.

Wichtige Kriterien für die künftigen Bewohner des Nistkastens sind die Größe und Form des Einfluglochs sowie der Rauminhalt des Brutraums. Im hinteren Buchteil sind bei einigen Arten die spezifischen Maße des Nistkastens sowie die Form und der Durchmesser des Einfluglochs angegeben. Neben Arten wie etwa der Kohlmeise *(Parus major)*, die ein rundes Einflugloch benötigen, existieren auch zahlreiche Vertreter, die andere Vorstellungen vom „Eingangsbereich ihrer Kinderstube"

haben. Beispielsweise mag der Gartenrotschwanz *(Phoenicurus phoenicurus)* am liebsten Nistkästen, die ein ovales Einflugloch besitzen. Dagegen akzeptiert der Hausrotschwanz *(Phoenicurus ochruros)* nur Nistkästen, die entweder einen breiten, sich über die gesamte Vorderfront erstreckenden Einflugschlitz oder zwei dicht nebeneinander befindliche, ovale Einfluglöcher aufweisen, deren Abmessungen etwa 3,2 x 5 Zentimeter betragen.

Solche Zweilochkästen sind auch bei anderen Halbhöhlenbrütern, wie etwa bei Bachstelzen *(Motacilla alba)* und Rotkehlchen *(Erithacus rubecula)*, beliebt. Mehrere als Batterie nebeneinander installierte Zweilochkästen erfreuen sich bei Haussperlingen *(Passer domesticus)* großer Beliebtheit. Denn diese Vögel sind wenig territorial, brüten also lieber in der Nähe von Artgenossen.

◄ *Links unten ein Zweilochnistkasten, in der Mitte eine Sperlingsbatterie*

▼ *Der Nistkasten ist die klassische Form der Bruthilfe.*

BAUANLEITUNG
für einen Kombikasten

Für alle diejenigen, die Spaß am Heimwerken haben, nachfolgend eine Bauanleitung für einen Nistkasten für Halbhöhlenbrüter mit einem breiten Einflugschlitz.

> Für den Grundaufbau des Kombikastens werden die abgebildeten Teile benötigt (siehe Materialliste).

MATERIALLISTE

Neben Schrauben und Werkzeug benötigt man folgende Teile für den Grundaufbau:

> 1 verlängerte Rückwand von 40 × 14 cm, damit der Kasten befestigt werden kann

> 1 Dach von 20 × 14 cm

> 2 Seitenteile von 30 (hinten) bzw. 26 (vorn) × 13,5 cm

> 1 Boden von 15 × 14 cm

> 1 Frontbrett von 15 × 14 cm.

Das Material besteht aus unbehandeltem Nadelholz. Alle Teile wurden vorgebohrt, damit das Holz beim Verschrauben nicht platzt.

> Zuerst werden die Seitenteile mit der Rückwand verschraubt.

> Anschließend wird der Boden befestigt.

> Nun kann das Frontbrett angebracht werden.

> Zum Abschluss wird das Dach verschraubt.

> Und fertig ist der vielfältig einsetzbare Halbhöhlennistkasten. Mit einem passenden Einschub kann er ganz leicht auch für Höhlenbrüter umfunktioniert werden.

Die am häufigsten im Handel erhält-
lichen beziehungsweise selbst ge-
bauten Kastenformen sind jene für
Höhlenbrüter. Interessanterweise
lässt sich ein Nistkasten mit breitem
Einflugschlitz für Halbhöhlenbrüter
durch ein kleines Einschubbrett in
einen Höhlenbrüterkasten für unterschiedliche Vogelarten umwandeln.
Dabei muss nur das Einflugloch an
die Bedürfnisse der jeweiligen Vo-
gelart(en) angepasst werden, die
man anlocken möchte. Um zu vermeiden, dass das Einschubbrett wackelt,
wenn die Vögel durch das Einflugloch
schlüpfen, fixiert man dieses besser
mit zwei Holzschrauben.

› Verschiedene Einschubbretter mit unterschiedlichen Durchmessern oder Formen des
Einflugslochs

› Mithilfe von Einschubbret-
tern mit unterschiedlich
großen Einfluglöchern kann
man seinen Kombikasten
schnell für höhlenbrütende
Vogelarten umrüsten.

› Der Durchmesser und die
Form der Einfluglöcher sollten sich nach den Ansprü-
chen der im Garten vorkommenden Vogelarten richten.

› Bereit zum Einzug! Die neue
Brutsaison kann nun beginnen.

**BENÖTIGTE DURCHMESSER
FÜR DAS EINFLUGLOCH**

› Blaumeisen 26 mm

› Tannenmeisen 28 mm

› Kohlmeisen 32 mm

› Sperlinge und Kleiber 34 mm

› Stare 45–50 mm

▲ *Nistkästen bringt man vorzugweise in 2,5–4 Meter Höhe an.*

Schwalben bauen halbrunde Nester aus Lehm und Schlamm. Für sie bietet der Fachhandel Nistschalen aus Holzbeton an, die sich leicht unter einem Dachvorsprung an der Hauswand installieren lassen. Dadurch entfällt für die Schwalben weitgehend die Nestbauarbeit, sodass sie sich sofort auf ihr Brutgeschäft konzentrieren können.

Für den Zaunkönig *(Troglodytes troglodytes)* hält der Fachhandel spezielle kugelförmige Nistkästen bereit, die ein leicht überdachtes Einflugloch besitzen.

Brennholzstapel mit Halbhöhle

Auch beim Aufschichten eines Brennholzstapels, der unter einem Vordach trocknen soll, kann ohne größeren Aufwand eine Halbhöhle eingebaut werden. Zu diesem Zweck eignet sich ein rundes Holzscheit, das einen um etwa 4–5 Zentimeter geringeren Durchmesser hat als die anderen Scheite. Damit die Halbhöhle sowohl

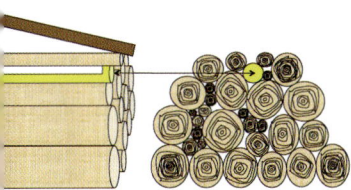

▲ *Schematische Darstellung einer in einem Holzstapel eingebauten Halbhöhle*

einen Sichtschutz als auch einen ausreichenden Rauminhalt erhält, ist es ratsam, das „Halbhöhlen-Scheit" zuvor noch zu bearbeiten. Dazu werden mit einer Säge zwei Schnitte durchgeführt, einer horizontal und einer vertikal. Auf diese Weise entfernt man ein großes Stück Holz. Übrig bleibt ein Scheit, das an seinem Ende eine vier Zentimeter breite und etwa 3–4 Zentimeter hohe Restkante aufweist. Anschließend wird dieses Scheit so im oberen Bereich des Stapels eingefügt, dass sich die erhöhte Kante an dessen Vorderseite befindet.

Bestens angebracht

Beim Anbringen von Nistkästen sollten einige wichtige Details beachtet werden. So liegt die ideale Höhe für das Installieren eines Nistkastens zwischen zweieinhalb und vier Meter. Selbstverständlich müssen die Bäume stark genug sein, damit sie nicht mitsamt dem Kasten durch den Wind hin und her geschaukelt werden. Außerdem ist eine reichliche Belaubung von Vorteil, denn diese erhöht das Sicherheitsgefühl der Vögel.

Sinnvollerweise erfolgt das Anbringen zwischen Dezember und März, da dann die Brutzeit der Vögel noch nicht begonnen hat. Dabei sollte man die Kästen so ausrichten, dass ihre Einflugöffnungen nach Osten, Südosten oder Süden zeigen. Ganz unvorteilhaft sind dagegen nach Westen ausgerichtete Einflugöffnungen, weil diese Himmelsrichtung vielerorts die

„Wetterseite" ist und durch kräftige Windböen leicht Regentropfen in den Kasten eindringen.

Außerdem hat es sich nicht bewährt, Nistkästen mit stark riechenden Farben anzustreichen, da diese dann nicht so gern von den Vögeln angenommen werden wie diejenigen aus naturbelassenem Holz. Allerdings ist es sinnvoll, ein Stück Dachpappe auf das Dachbrett zu nageln. Dadurch erhöht man die Langlebigkeit des Kastens, weil dieser dann besser gegen Regen, Schnee und Sonneneinstrahlung geschützt ist.

Futterquellen gezielt wählen

Möchte man einen Nistkasten vor allem deshalb anbringen, damit dessen künftige Bewohner den Schadinsekten kräftig zu Leibe rücken, sollte das in einer möglichst großen Entfernung zu den potenziellen „Futterquellen" erfolgen. Die Bewohner des Nistkastens werden nämlich fast nie in der Nähe ihres „Eigenheims" nach Futter suchen. Im Gegenteil, diesen Ort möchten sie eher „geheim" halten, um keine Fressfeinde durch auffälliges Verhalten anzulocken. Wie vorsichtig die meisten Vögel sind, merkt man oft schon daran, dass sie nach erfolgreicher Futtersuche nie direkt in den Nistkasten fliegen, sondern zuvor in 5–7 Meter Entfernung einen „Zwischenstopp" einlegen, um nach eventuellen Gefahren Ausschau zu halten. Erst wenn die Vögel der Meinung sind, dass keine Gefahr

droht, fliegen sie in den Nistkasten und übergeben ihren Jungen das mitgebrachte Futter.

Frühjahrsputz im Herbst

Um die Nistkästen auf die kommende Brutsaison vorzubereiten, empfiehlt es sich, diese bereits zwischen Oktober und Dezember zu reinigen und gegebenenfalls kleinere Reparaturen daran vorzunehmen. Beim Reinigen entfernt man zunächst das alte Nistmaterial, weil sich darin mitunter Milben und Krankheitserreger angesammelt haben. Anschließend wäscht man den Kasten ohne Haushaltschemikalien aus, lässt ihn austrocknen und gibt eine Handvoll trockenes Moos hinein, damit die Vögel im Frühjahr bereits einen weichen Nestunterbau vorfinden. Ein solcher Unterbau ist vor allem in stark verregneten Frühjahren von Vorteil, weil es dann den Vögeln besonders schwer fällt, ausreichend trockenes Nistmaterial zu finden.

SCHWALBENKOT VERMEIDEN

Wenn Schwalben beginnen, an einer Hauswand ihre Nester zu bauen, sehen das viele Hausbesitzer mit einem lachenden und einem weinenden Auge. Dabei erweisen sich zumeist nicht die Nester als das eigentliche Problem, sondern der Kot, den die geschlüpften Jungen später reichlich absetzen und der häufig zu einem großen Teil an der Wand landet. Derartige Ärgernisse lassen sich jedoch mit wenigen Handgriffen vermeiden. Dafür ist es nur erforderlich, direkt unter den Nestern ein etwa 25 Zentimeter breites, waagerecht verlaufendes Brett anzubringen, das den Kot auffängt.

▼ *Den Nistkasten bitte jedes Jahr im Spätherbst gründlich reinigen.*

SPEZIELLE NISTHILFEN
für Freibrüter

Viele Vogelarten, die ihre Kinderstuben nicht in Höhlen einrichten, kann man im Garten oder auch in der freien Natur durch verschiedene Nisthilfen unterstützen. In derartigen Nisthilfen sollen die Vögel ein stabiles Nest errichten können und es muss durch sie auch ein ausreichender Sichtschutz gewährleistet sein.

Nistquirle

Eine dieser Hilfen ist der Nistquirl. Dazu werden Anfang April belaubte Zweige von Sträuchern, in etwa 1–2 Meter Höhe über dem Erdboden vorsichtig mit Bindfaden oder Draht zusammengebunden, sodass ein Trichter entsteht. Beim Zusammenbinden gilt es zu beachten, dass die Saftzirkulation in den Zweigen nicht unterbrochen wird, sonst stirbt das Laub schnell ab. Und ein „nackter Strauch" erweist sich für keinen Vogel als ein geeigneter Brutplatz. Damit sich nach dem Brüten die Zweige wieder ausrichten können, ist es ratsam, im Spätsommer die Nistquirle zu lösen und im folgenden Frühjahr an einer anderen Stelle des Strauches neu anzulegen.

Nistbüsche

Eine andere Nisthilfe stellt der Nistbusch dar. Zu dessen Bau benötigt man ein Bündel von 50–70 Zentimeter langen Zweigen von Nadelbäumen. Besonders gut haben sich Kiefernzweige bewährt, da sie ihre Nadeln langsamer verlieren als beispielsweise die von Fichten. Diese Zweige bindet man ähnlich einem Blumenstrauß unten zusammen. Anschließend befestigt man das obere und untere Ende dieses Straußes mithilfe von geschmeidigem Draht oder einer starken Angelschnur in 1,5–1,8 Meter Höhe an einem Baumstamm. Beim Anbringen ist darauf zu achten, dass zwischen dem Nistbusch und dem Stamm eine handtellergroße Mulde entsteht, in welche die Vögel ihr Nest bauen können.

› Für einen Nistquirl werden Zweige trichterartig zusammengenommen.

› Anschließend werden die Zweige mit Bindfaden oder Draht fixiert.

› Ein Nistbusch aus Nadelreisig wird an einen Baumstamm gehalten.

› Mit Draht oder Bindfaden wird der Nistbusch am Baumstamm befestigt.

Nisttaschen

Eine weitere Konstruktion ist die Nisttasche. Diese lässt sich am besten aus jungen, saftigen Weiden- oder Haselzweigen bauen, die 100–150 Zentimeter lang sind.

Die abgeschnittenen Zweige bindet man in einer Höhe von 100–120 Zentimeter nach unten gerichtet an einem Baumstamm fest. Anschließend werden die Zweigenden wieder bis zu dieser Höhe zurückgebogen und festgebunden, sodass für die spätere Nestaufnahme ein röhrenähnlicher Hohlraum entsteht. Zum Abschluss werden einige Kiefernzweige als Sichtschutz in die Nisttasche eingeflochten.

Damit sich schnell „Interessenten" für die Nistbüsche und -taschen finden, sollte man diese möglichst nicht an der „Wetterseite" eines Baumstamms anbringen. Außerdem ist es von Vorteil, wenn der Baum – und damit der Nistbusch oder die Nisttasche – von mehreren Sträuchern umgeben ist, die für zusätzlichen Sichtschutz sorgen.

Reisighaufen

Manchmal lässt sich die Natur im Frühjahr relativ viel Zeit, bevor die Bäume und Sträucher ihr Laub ausbilden. Unter solchen Bedingungen sind manche zeitig brütenden Vogelarten oft sehr dankbar, wenn sich im Garten noch ein großer Reisighaufen befindet, der nach dem herbstlichen oder winterlichen Ausschneiden der Obstgehölze aufgeschichtet wurde. Die betreffenden Vogelarten nehmen solche Haufen gern als Ersatznistplatz an, um ihre Nester darin zu errichten. Verständlicherweise wird man in dieser Situation den Reisighaufen erst entsorgen, wenn die Vögel ihr Brutgeschäft beendet haben und die Jungen flügge geworden sind.

Ein positiver Nebenaspekt solcher Ersatznistplätze besteht darin, dass sie auch als Versteck und Zufluchtsorte für kleine Vögel dienen können. Trotz des dichten Gewirrs von Zweigen, das darin herrscht, sind kleinere Vögel in der Lage, sich schnell und geschickt darin zu bewegen. Damit sind sie deutlich im Vorteil gegenüber Katzen und Mardern sowie größeren räuberischen Vögeln. Diese können entweder gar nicht in das Zweiggewirr eindringen oder sich darin nur sehr langsam fortbewegen.

› Junge Zweige werden nach unten gerichtet an einen Baum festgebunden.

› Anschließend zieht man die unteren Zweigenden hoch, …

› … bindet die Nisttasche gut fest …

› … und flicht einige Koniferenzweige ein.

VOGELFREUNDLICHE GÄRTEN OHNE STÖRFAKTOREN

▲ *Dieser reich struktu-rierte Garten wirkt auf Vögel sehr attraktiv.*

Zwischen der Umwelt und dem Umfeld eines Gartens oder Hausgrundstücks bestehen zahlreiche Wechselwirkungen, die einen nicht zu unterschätzenden Einfluss auf die Artenzusammenset-zung und den Umfang des jeweiligen Vogelbestands haben. So mögen Vögel beispielsweise keinen dauerhaften oder häufig auftretenden Lärm. Wäh-rend sie durch plötzlich auftretenden Lärm aufgeschreckt und damit immer wieder gestresst werden, erweist sich dauerhafter Lärm dahingehend als Nachteil, dass sich daraus andere Geräusche deutlich schlechter heraus-filtern lassen. Dadurch bemerken die Vögel potenzielle Feinde und andere Gefahren oft überhaupt nicht bezie-hungsweise derart spät, dass sie auf die entsprechende Situation nicht mehr angemessen reagieren können.

Um derartige Zustände abzumildern, sollten in Gärten, die sich an einer stark befahrenen Straße befinden, die Nistkästen möglichst in der „ruhigsten Ecke" angebracht werden. Hecken, Sträucher und Bäume, aber auch andere Pflanzen und sonstige größere Gartenbestandteile, die sich zwischen der Straße und dem Nistkasten befin-den, wirken dann „lärmmindernd", sodass die Geräusche zumindest leiser auf die Ohren der Vögel treffen.

In den meisten Fällen finden sich im Garten diejenigen Arten zum Brüten ein, die für die umgebenden Lebens-räume typisch sind. Grenzt der Gar-ten beispielsweise an ausgedehnte Wiesenlandschaften, erweist er sich häufig als ein besonders attraktiver Nistplatz für Bachstelzen, Grauammern und Stare. Ebenso kann die unmit-telbare Nähe zu einem Gewässer, wie etwa eines weitgehend naturbelas-senen Baches oder eines von brei-ten Schilfgürteln umgebenden Sees, dazu beitragen, dass sich bestimmte Vogelarten – wie Wasseramseln oder Rohrammern – zum Brüten oder zur Nahrungssuche einfinden. Gleichzeitig existiert unter den Singvögeln noch eine Gruppe von „Allroundern". Deren Vertreter zeichnen sich sowohl durch ihre relativ große Anspruchslosigkeit als auch eine starke Anpassungsfähigkeit aus. Zu dieser Gruppe gehören unter anderem die Amsel oder Kohl- und Blaumeisen.

Die vogelfreundliche Gartengestaltung

Ganz allgemein lässt sich jedoch feststellen, dass Gärten als Lebensräume und Brutareale für besonders viele Vogelarten umso attraktiver sind, je naturnaher sie gestaltet sind. Das soll nicht heißen, dass man den Garten zu einer Unkrautsteppe verkommen lässt und den Zorn der angrenzenden Nachbarn auf sich zieht, weil die Unkräuter auch recht schnell auf deren Grundstücke hinüberwandern.

Viel wichtiger ist, dass die Gartengestaltung nicht monoton erfolgt. Eine Gartenfläche mit einem dauerhaft kurz geschorenen englischen Rasen, wo außerdem keine Versteck- beziehungsweise Rückzugsrefugien vorhanden sind, erweist sich alles andere als vogelfreundlich und wird deshalb weitgehend gemieden. Befinden sich dagegen einige Sträucher, ein oder zwei Hochstaudenbeete und vielleicht ein großer Kirschbaum auf einer solchen Rasenfläche, wird diese Landschaft für Singvögel zunehmend attraktiver. Diese Attraktivität lässt sich weiter erhöhen, indem beispielsweise Hausfassaden mit Weinreben, Efeu, Clematis, Kletterhortensien oder Blauregen begrünt werden. Solche empor wachsenden „Pflanzendickichte" nutzen einige Vogelarten nicht nur als Nistplätze, sondern sie

finden darin auch Nahrung, beispielsweise in Form von kleinen Spinnen, Insekten und deren Larven.

Willkommene Sitzplätze für diejenigen Vogelarten, die bevorzugt Ansitzjagden auf Insekten praktizieren, sind an den Enden etwas abgeflachte Zaunpfähle. Ähnliche Ansitze stellen auch Kaminholzstapel dar, die zum Trocknen im Garten aufgestapelt wurden. Kleine Mauern aus Feldsteinen sowie Lesesteinhaufen tragen ebenfalls sehr gut zu einer naturnahen Strukturierung im Garten bei. Diese Elemente dienen sowohl als Deckung als auch genau wie die Zaunpfähle und Holzstapel als Ansitze für „Insektenjäger".

Teiche und Tränken

Wasser besitzt eine nicht zu unterschätzende Anziehungskraft – und zwar sowohl auf Vögel als auch auf die meisten anderen Tierarten. Genau betrachtet, handelt es sich dabei um den wichtigsten Nahrungsbestandteil, denn ohne regelmäßige Flüssigkeitszufuhr kann kein höheres Tier über einen längeren Zeitraum überleben.

▲ *Gerade flügge gewordene Amsel in einem Hausgarten*

▼ *Weinrebe als Fassadenbegrünung*

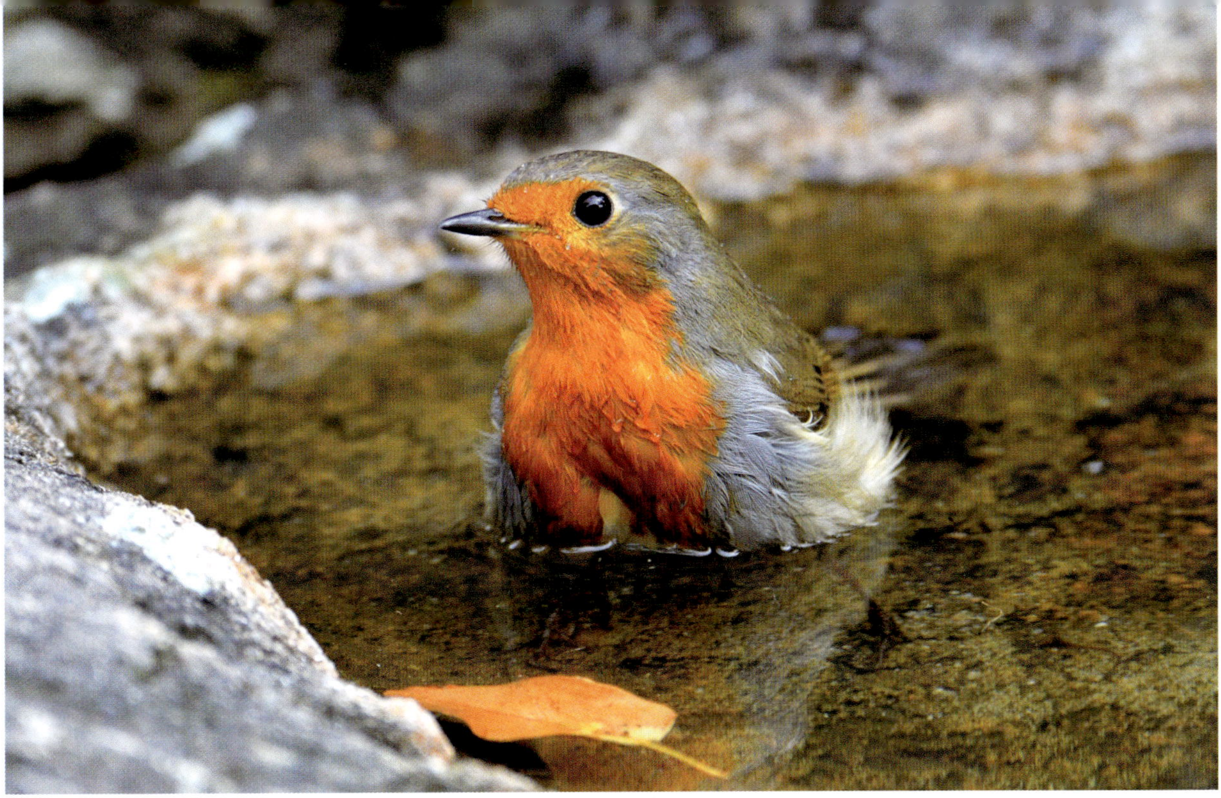

▲ *Auch Rotkehlchen nehmen gern ein Bad.*

Deshalb trägt allein schon das Aufstellen einer Vogeltränke häufig stark dazu bei, Vögel dauerhaft in den Garten zu locken. Dabei spielt es kaum eine Rolle, ob das Wasser in einer speziell aufgestellten Vogeltränke angeboten wird oder aus einem Sprudelstein herausplätschert, den ein kleines Wasserbecken umgibt.

Als Vogeltränke eignen sich am besten Modelle, die auf einer Säule oder einem senkrecht stehenden Metallrohr montiert sind. Derartige Vogeltränken bieten den Vögeln bei der Wasseraufnahme weitaus mehr Schutz als Modelle, die ebenerdig platziert sind, denn so müssen sie weit weniger Attacken von Raubfeinden fürchten.

▶ *Gartenteich*

Da die meisten Vogeltränken eine recht geringe Tiefe haben und sie deshalb nur eine kleine Flüssigkeitsmenge aufnehmen können, sollte an heißen Sommertagen das Wasser regelmäßig nachgefüllt werden. Zweckmäßigerweise erfolgt dabei auch ab und an eine Reinigung, die eine Krankheitsprophylaxe darstellt. Denn bei der Wasseraufnahme koten die Vögel nicht nur gelegentlich hinein, sondern viele betrachten die Tränke auch als „Wanne“, in der sie ausgiebig baden und dabei das Trinkwasser verschmutzen.

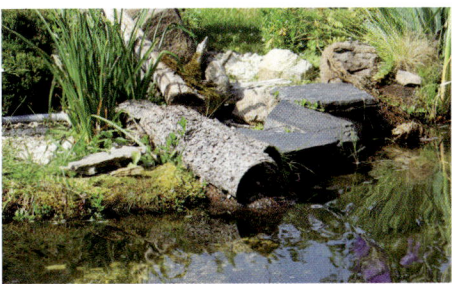

Gartenteiche, die sehr flach auslaufende Uferbereiche aufweisen, stellen ebenfalls sehr geeignete Tränke dar. Um den Vögeln eine weitgehend ungestörte Wasseraufnahme zu ermöglichen, sollte man ein paar Natursteine so im Teich platzieren, dass diese 1–2 Zentimeter über die Oberfläche ragen.

Störfaktor Haustier

Hunde, die überall im Garten laut bellend herumtollen, an allem schnüffeln und mit ihren Pfoten so manche Pflanzen ausgraben oder zertreten, erweisen sich nicht gerade als förderlich, wenn sich Vögel im Garten ansiedeln sollen. Insbesondere Boden- und Heckenbrüter werden durch die Anwesenheit eines solchen agilen Hundes verschreckt. Ähnliches gilt für Hauskatzen. Bei diesen handelt es sich zwar im Unterschied zu manchem Hund um keine „Lärmmaschinen", aber dafür stellen sie oftmals umso intensiver den Vögeln und deren Nachwuchs nach.

Zudem handelt es sich bei den Katzen um hervorragende Kletterer, für die auch senkrecht stehende Gehölze kein Hindernis darstellen, wenn sie Nester plündern wollen. Um die Nester in Bäumen zu schützen, kann man einen schirmartigen Katzenschutz in 1,5 Meter Höhe um die Baumstämme installieren, der sich relativ leicht aus Blech oder stabilem Kunststoff herstellen lässt. Derartige Schutzschirme helfen auch gegen Marder.

Nisten Vögel in kleineren Sträuchern, besteht die Möglichkeit, diese für die Zeit des Brütens mit einem mindestens 1,5 Meter hohen Maschendrahtzaun zu umgeben. Dieser Zaun wird nach dem Flüggewerden der Jungen wieder abgebaut. In gleicher Weise kann man auch die Nester von Bodenbrütern schützen. Das hilft auch vor Nestplünderungen durch den ansonsten sehr nützlichen und geschätzten Igel, der sich in vielen Gärten zeitweise aufhält.

▲ Mit ihrem Gebell und ihren schnüffelnden Aktivitäten vergrämen viele Hunde die meisten Vogelarten.

▲ Eine im Garten herumstreunende Hauskatze stellt oft eine Gefahr für Singvögel und ihren Nachwuchs dar.

◄ Auch der Igel plündert gern die ungeschützten Nester von Bodenbrütern.

HEIMATVERBUNDENE UND REISELUSTIGE

Lang- und Kurzstreckenzieher

▲ Schwalben sind Langstreckenzieher, die sich vor ihrer Reise nach Afrika zu Schwärmen zusammenfinden.

Während manche Singvogelarten ganzjährig in ihren Brutgebieten bleiben, ziehen andere zum Überwintern in wärmere Gefilde. Bei diesen „Reiselustigen" unterscheidet man zwischen Lang- und Kurzstreckenziehern. Im Vergleich zu den Langstreckenziehern, welche bei ihren Flügen in die Winterquartiere – die sich beispielsweise im tropischen Afrika befinden – sehr große Distanzen zurücklegen, begeben sich die Kurzstreckenzieher zum

Überwintern oft nur in die Mittelmeerländer.

Dabei führen die Vögel, je nach Art, ihre Wanderungen entweder allein, in kleinen Gruppen oder großen Schwärmen durch. Zumeist fliegen sie dann die gleichen Routen, die bereits ihre Vorfahren seit Jahrhunderten benutzten. Die Orientierung erfolgt auf diesen Flügen vorwiegend anhand eines „inneren Kompasses", der auf einem stark ausgeprägten Magnetsinn basiert und in Verbindung mit dem Magnetfeld der Erde wie ein Ortungsmechanismus funktioniert. Als zusätzliche Orientierungskriterien nutzen viele Zugvögel den Stand der Sonne, die Sternbilder am Himmel sowie markante Landmarken.

Der Hauptgrund, weshalb die meisten Langstreckenflieger den Winter in wärmeren Gefilden verbringen, liegt in einer starken Verknappung ihrer Nahrungsgrundlagen in den Brutgebieten. Bei den meisten Langstrecklern, stellvertretend seien die Schwalben genannt, benötigen nämlich nicht nur die Jungvögel kleine tierische Beute, sondern diese spielt auch oft für die Ernährung der Altvögel eine wichtige Rolle.

Standvögel

Anders sieht es bei den Meisen und vielen Finkenvögeln aus, die ganzjährig in ihren Brutgebieten bleiben und als Standvögel bezeichnet werden. Bei diesen Arten ist das tierische Eiweiß lediglich für die Ernährung und Aufzucht der Nestlinge lebensnotwendig. Die Altvögel fressen zwar auch des Öfteren Insekten und Spinnen, aber ein Großteil ihrer Nahrung besteht aus verschiedenen Sämereien. Letztere finden diese Vögel auch in der kalten Jahreszeit in ausreichenden Mengen vor, sodass sie nicht dazu gezwungen sind, den Winter in wärmeren Gefilden zu verbringen. Während dieser Zeit vereinen sie sich oftmals zu Trupps oder Schwärmen,

die auf der Suche nach Sämereien in ihrem Verbreitungsgebiet umherstreifen. Selbstverständlich erscheinen solche Vögel auch gern an Futterhäuschen und sonstigen Futterstationen, wo sie in aller Regel einen „reichhaltig gedeckten Tisch" vorfinden. Um den Winter zu überstehen, fressen sich diese Vögel zumeist Fettreserven bis zum Herbst an. Von diesen können sie zeitweilig zehren, sollten einmal die Sämereien nicht im Überfluss vorhanden sein. Außerdem – und das ist ein nicht zu unterschätzender Aspekt – wirkt körpereigenes Fett wärmeisolierend. Dadurch müssen die Vögel nicht übermäßig viel Energie in die Aufrechterhaltung ihres Wärmehaushalts investieren.

Aber vor allem auch die Langstreckenzieher sind während des ganzen Sommers bestrebt, sich möglichst viele Reserven in Form von Körperfetten anzufressen. Allerdings werden diese Reserven auf den langen Flügen in die

▲ *Grünfinken bleiben fast immer ganzjährig in ihren Brutgebieten.*

◄ *Das Rotkehlchen gehört zu den Teilziehern.*

Winterquartiere oftmals völlig aufge-
braucht. Manche Arten müssen sogar
auf solchen Flügen größere Zwischen-
stopps einlegen, um Nahrung aufzu-
nehmen und so die Energiedepots
des Körpers erneut aufzufüllen.

Teilzieher

Eine in gewisser Weise variable Zug-
vogelkategorie sind die sogenannten
Teilzieher. Dabei handelt es sich um
Arten, von denen nur ein Bruchteil
der Individuen – oder wie beispielsweise beim Buchfink nur die Weibchen – im Herbst in andere Regionen
fliegen. Von dort kehren sie, genau
wie andere Zugvögel auch, im folgenden Frühjahr zurück. Beispiele für

Teilzieher sind Stare und Rotkehlchen.
Aufgrund der globalen Erwärmung, die
seit ein paar Jahrzehnten zunehmend
spürbar wird, haben allerdings schon
verschiedene klassische Teilzieher
begonnen, ihr Zugverhalten zu ändern,
indem sie nahezu jedes Jahr komplett
in ihren Brutgebieten bleiben.

Eine ähnliche Tendenz ist selbst bei
manchen Arten zu beobachten, die
noch vor einigen Jahrzehnten als typische Langstreckenzieher galten. Diese
Vögel fliegen gelegentlich nicht mehr
bis in die tropischen Regionen Asiens oder Afrikas, sondern verbringen
den Winter im Mittelmeerraum, wo
während dieser Zeit ein relativ mildes
Klima vorherrscht.

▼ *Mitteleuropäische
Kernbeißer sind Stand-
vögel, die nördlichen
und östlichen Vertreter
jedoch Teilzieher.*

VÖGEL VON GANZ UNTEN BIS HOCH OBEN

◄ Einst waren vorwiegend nur Wälder und steppenartige Landschaften die Lebensräume der Singvögel.

▼ Zu den Vertretern der untersten Schichtung des Waldes gehören unter anderem Pilze und Moose.

Wer Singvögel gezielt beobachten möchte, sollte Grundkenntnisse darüber haben, wo sich diese am häufigsten aufhalten. Ursprünglich waren es vor allem Wälder und steppenartige Landschaften, die die angestammten Lebensräume dieser Vögel darstellten.

Bei genauer Betrachtung der Wälder fällt auf, dass sie schichtartig aufgebaut sind. Die unterste Schicht ist der Waldboden, wo vorwiegend Moose, Pilze, Farne, Gräser und Kräuter, wie beispielsweise das Große Springkraut (Impatiens noli-tangere), Maiglöckchen (Convallaria majalis) und Wald-Veilchen (Viola reichenbachiana), gedeihen.

Diese Schicht wird gewöhnlich von den Sträuchern überragt, zu denen unter anderem Himbeeren, Brombeeren und Pfaffenhütchen gehören.

Die letzte und zugleich oberste Schicht repräsentieren die Bäume selbst, wie etwa Eschen, Buchen und Tannen. Im Unterschied zu den Sträuchern besitzen die Bäume einen deutlich erkennbaren Stamm. Allerdings gibt es auch einige Gehölze, beispielsweise den Schwarzen Holunder (Sambucus nigra), die sowohl die Form eines Strauches als auch eines Baumes haben können.

Ähnlich wie die Wälder sind auch steppenähnliche Landschaften schichtförmig aufgebaut. Zuunterst ist fast überall eine Gras-Kräuter-Schicht vorhanden. Darüber befinden sich Sträucher beziehungsweise kleine insel-

▲ Pfaffenhütchen sind oft ein Bestandteil der Strauchschicht.

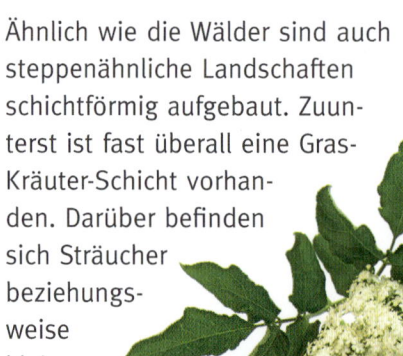

◄ Blüten und Blätter des Schwarzen Holunders

▲ *Die vielseitige Tannen-meise kann man in allen Schichten des Waldes antreffen.*

▲ *Neuntöter benötigen Sträucher und Hecken als Lebensraum.*

▼ *Pirole halten sich bevorzugt im Kronen-bereich auf.*

artige Gehölzgruppen, die allerdings nur punktuell verteil sind, sodass man auf großen Flächen oft nur die Gras-Kräuter-Schicht antrifft.

Jede einzelne dieser Schichten in Wäldern und offenen Landschaften wird von Singvögeln bewohnt, unter denen sich sowohl tendenzielle Spezialisten als auch Allrounder befinden. Zu diesen Allroundern gehört beispielsweise die Tannenmeise, die sich in Abhängigkeit vom Nahrungsangebot und den Nistmöglichkeiten sowohl in Bodennähe als auch in Sträuchern und hohen Bäumen aufhält.

Dagegen handelt es sich bei der Nachtigall und dem Zaunkönig um zwei sehr zum Boden hin orientierte Arten. Diese beiden Arten lieben es, im bodennahen Unterholz umherzu-hüpfen und dort Nahrung zu suchen. Auch die Gefiederfärbung dieser Vögel hat sich im Verlauf der Evolu-

tion bestens an deren Lebensraum angepasst. Mit ihrem bräunlichen Gefieder „verschmelzen" sie häufig mit den erdigen Färbtönen des Bodens sowie den graubraunen Fall-laubresten, Wurzeln und dem herum-liegenden Totholz. Eine solche boden-orientierte Lebensweise bedeutet jedoch keinesfalls, dass diese Vögel nicht gelegentlich in höhere Bereiche von Sträuchern und Bäumen fliegen. Ebenso begeben sich auch Arten, die die Kronenbereiche von Bäumen als Lebensräume bevorzugen, hin und wieder in die Strauchschicht oder auf den Boden.

Zu den Vögeln, die sich in Sträuchern sowie heckenartigen Strukturen besonders wohlfühlen, gehören unter anderem der Zilpzalp und der Neuntöter. Im Unterschied dazu besteht bei Kern-beißern und Pirolen eine Vorliebe für „luftige Höhen", weshalb sie sich gern in den Kronenbereichen von Bäumen aufhalten.

Viele Singvögel nahmen auch relativ schnell die von Menschen geschaf-fenen Bestandteile der Kulturland-schaft – wie Parks, Gärten und Streuobstwiesen – in Besitz, wo sie annähernd die gleichen Schichten wie in Wald- und Steppenbiotopen vorfan-den. Beispielsweise versteckt sich der Kernbeißer, der einst bevorzugt die Wipfel hoher Waldbäume besiedelte, inzwischen auch gern in den Kro-nenbereichen von Apfel- und Kirsch-bäumen, die in unseren Hausgärten stehen.

GEWECKT VON DER NATUR

Wer mit der Natur gut vertraut ist, benötigt an einem zeitigen Frühlingsmorgen eigentlich keine Uhr, um zu wissen, wie spät es ist. So öffnen und schließen beispielsweise zahlreiche Pflanzen immer zu bestimmten Zeiten ihre Blüten. Ähnlich verhält es sich mit vielen Vögeln, bei denen die Männchen unmittelbar nach dem Erwachen ihren morgendlichen Gesang beginnen. Als Weckreize für die einzelnen Arten spielen die unterschiedlichen Helligkeitsstufen der Morgendämmerung eine wichtige Rolle.

Indem man die Zeiten aneinanderreiht, in denen der Gesang der einzelnen Arten erstmalig zu hören ist, erhält man eine relativ exakt funktionierende „Vogeluhr", die in der nachstehenden Übersicht dargestellt ist. Deren Zeitangaben entsprechen der Sommerzeit.

Wer erst im Verlauf des Vormittags wissen möchte, „was die Uhr geschlagen hat", kann sich an zwei Arten orientieren, die allerdings nicht zu den Singvögeln gehören. Da wäre zum einen der Buntspecht (*Dendrocopos major*), dessen Laute wie „pix, pix" oder „kick, kick" klingen. Seine Laute sowie sein erstmaliges Hämmern an Bäumen ertönen erst gegen 9 Uhr.

Eine weitere nicht zu den Singvögeln gehörende, „zeitangebende" Art ist der Mäusebussard (*Buteo buteo*). Er zieht erst um die Mittagszeit am Himmel seine Kreise und stößt dabei häufig seine lang gezogenen „Wijääh-Rufe" aus. Der wichtigste Grund für dieses späte Erscheinen des Greifvogels liegt darin, dass er eine vergleichsweise nur schwach ausgebildete Brustmuskulatur besitzt. Daher ist der Mäusebussard gezwungen, die meiste Zeit als „Segelflieger" in luftiger Höhe zu gleiten, wobei er die Aufwinde optimal nutzt, die erst durch die allmähliche Erwärmung im Tagesverlauf entstanden sind.

DIE ZWITSCHERNDE VOGELUHR
am Morgen

4.00 Uhr
Gartenrotschwanz

4.10 Uhr
Rotkehlchen

4.15 Uhr
Amsel

4.20 Uhr
Zaunkönig

4.30 Uhr
Kuckuck
(kein Singvogel)

4.40 Uhr
Kohlmeise

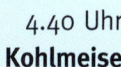

Scannen Sie den QR-Code,
um die Stimmen der Vogeluhr
aufzurufen.

4.50 Uhr
Zilpzalp

5.00 Uhr
Buchfink

5.20 Uhr
Haussperling

5.40 Uhr
Star

5.30 Uhr
Sonnenaufgang

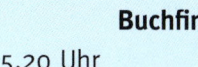

ARTENPORTRÄTS DER SINGVÖGEL

Nachfolgend wird eine Auswahl der attraktivsten und häufigsten heimischen Singvogelarten vorgestellt. Einzigartige, teils spektakuläre Farbfotos zeigen das vielgestaltige Leben dieser Vögel. Hinweise auf besondere Merkmale und ähnlich aussehende „Doppelgänger" ermöglichen eine schnelle Identifizierung der Arten. Erläuterungen zu speziellen Verhaltens- und Lebensweisen sowie hilfreiche Tipps zum Schutz und zur Beobachtung der jeweiligen Vögel runden diese Porträts ab.

FELDLERCHE

Feldlerchen sind Bodenbrüter. In ihren zumeist offenen Lebensräumen steigen sie gern in die Höhe, um im Rüttelflug häufig „in der Luft stehen zu bleiben". Dabei lassen sie oft minutenlang ihren Gesang ertönen. Gelegentlich wird die Feldlerche mit der etwas kleineren Heidelerche (*Lullula arborea*) verwechselt. Bei der Heidelerche ziehen sich jedoch die hellen Augenstreifen bis zum Nacken, um dort zusammenzustoßen. Außerdem wird die Feldlerche manchmal für ein Haussperlingsweibchen gehalten, das jedoch kein gesprenkeltes Brustgefieder besitzt.

Bei vielen Feldlerchen aus den nördlichen und östlichen Regionen handelt es sich um Teilzieher, die die Wintermonate in den Gebieten rund um das Mittelmeer verbringen. Dagegen bleiben die Feldlerchen in Mittel- und Westeuropa häufig dauerhaft in ihren Brutgebieten, in denen sie aber im Winter umherziehen.

◄ *Feldlerche beim Füttern ihrer Jungen. Das Nest wird versteckt am Boden angelegt.*

▶ *Die Heidelerche* (Lullula arborea) *wird oft mit der Feldlerche verwechselt.*

SCHÜTZEN

Im Winter ernähren sich Feldlerchen zu einem Großteil von verschiedensten Grassamen. Falls man am Rand von Dörfern oder ländlichen Gemeinden wohnt und einen Garten besitzt, der direkt an Felder oder Ackerflächen grenzt, bietet es sich an, am Außenbereich des Zaunes, die Gräser nicht zu mähen. Dabei haben sich beispielsweise Wiesen-Knäuelgras (Knaulgras, *Dactylis glomerata*) und Deutsches Weidelgras (*Lolium perenne*) als anspruchslose Arten und zugleich ergiebige „Samenlieferanten" erwiesen.

WISSENSCHAFTLICHER NAME:
Alauda arvensis

FAMILIE: Alaudidae

VERBREITUNGSGEBIET:
fast ganz Europa bis Japan und Nordwestafrika

LEBENSRAUM: offene trockene Kulturlandschaften, Felder, Wiesen, Weiden, Brachen, Kahlschläge

LÄNGE: 18 cm

HAUPTNAHRUNG: Insekten, Spinnen, Würmer sowie grüne Pflanzenteile und Sämereien

ANZAHL DER BRUTEN PRO JAHR: 2

ANZAHL DER EIER PRO GELEGE: 3–5

HAUBENLERCHE

Die Haubenlerche hat gegenüber Menschen nur wenig Scheu. Keinesfalls ist ihr Verhalten dabei aber mit der Dreistigkeit von Amseln zu vergleichen. Noch vor 40 Jahren repräsentierte dieser Vogel eine relativ häufig vorkommende Art. Aber seit den Achtzigerjahren des vorigen Jahrhunderts sind die europäischen Bestände dieses Vogels um über 95 Prozent – und damit noch stärker als bei der Feldlerche zurückgegangen. Die Hauptursache für diesen Rückgang ist vor allem in der Zerstörung ihrer Lebensräume zu sehen. So wurden Brachflächen und Ödland häufig mit Kulturgräsern begrünt oder dicht mit Gehölzen bepflanzt. Außerdem erfolgt vielerorts eine recht intensive Nutzung von Weideflächen, wobei es durch die landwirtschaftlichen Nutztiere nicht selten zu einer Zerstörung der Nester beziehungsweise Gelege der am Boden brütenden Haubenlerche kommt. Hinzu kommt der massive Einsatz von Insektiziden, wodurch ein Großteil kleiner tierischer Lebewesen vernichtet wird, die jedoch für die Aufzucht der Nestlinge unerlässlich sind.

Bemerkenswert ist die Tatsache, dass erwachsene Haubenlerchen manchmal Samen bis zu zwei Zentimeter Tiefe aus dem Boden graben.

SCHÜTZEN
Der effektivste Schutz für Haubenlerchen lässt sich erreichen, indem man sich erfolgreich für den Erhalt und die Renaturierung ihrer typischen Lebensräume einsetzt, die diese Art unbedingt benötigt. Außerdem kann man selbst auch ganz oder weitgehend auf den Einsatz von Insektiziden im Garten verzichten und damit einen Beitrag gegen das Insektensterben leisten.

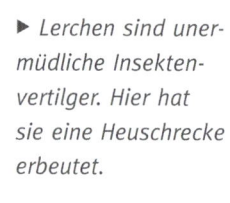

▶ *Lerchen sind unermüdliche Insektenvertilger. Hier hat sie eine Heuschrecke erbeutet.*

WISSENSCHAFTLICHER
NAME: *Galerida cristata*

FAMILIE: Alaudidae

VERBREITUNGSGEBIET:
fast ganz Europa bis Korea
und Zentralafrika

LEBENSRAUM: Ödland,
offene steppenähnliche
Landschaften mit niedriger
Vegetation

LÄNGE: 17 cm

HAUPTNAHRUNG: Säme-
reien, Würmer, Insekten und
deren Larven, gelegentlich
Schnecken und Spinnen

ANZAHL DER BRUTEN
PRO JAHR: 1–2

ANZAHL DER EIER
PRO GELEGE: 3–6

MEHLSCHWALBE

WISSENSCHAFTLICHER NAME:
Delichon urbicum

FAMILIE: Hirundinidae

VERBREITUNGSGEBIET:
fast ganz Europa, gemäßigte
und subtropische Regionen
Asiens, Nordwestafrika

LEBENSRAUM: freie Flächen
mit niedriger Vegetation

LÄNGE: 12–14 cm

HAUPTNAHRUNG: Fliegen,
Mücken, Blattläuse

**ANZAHL DER BRUTEN
PRO JAHR:** 1–2

**ANZAHL DER EIER
PRO GELEGE:** 3–5

Die charakteristischen Erkennungs-
merkmale der Mehlschwalbe sind das
schneeweiße Wangen- und Kehlgefie-
der. Mehlschwalben halten sich häufig
in Siedlungen auf, wo sie ihre Nester
direkt an Hauswänden und unter Vor-
dächern errichten. Dagegen benötigen
Exemplare, die außerhalb von Ortschaften brüten, steile Gesteinswände
zum „Mauern" ihrer schalenähnlichen
Nester. Diese bestehen aus Lehm,
Schlamm sowie Stroh und besitzen
ein oberseitiges Einflugloch.

▼ *Mehlschwalben sind
Langstreckenzieher,
die südlich der Sahara
überwintern. Ende Au-
gust bis Anfang Oktober
versammeln sie sich zum
Vogelzug.*

SCHÜTZEN
Um ausreichend Bau-
material für den Nestbau sammeln zu können, bietet man den
Mehlschwalben in größeren Gärten
oder am Rand des Grundstücks möglichst lehmig-schlammige Pfützen
an. Fehlen geeignete Nistplätze,
bringt man zusätzlich einfache
Nisthilfen an.

Nach einer Brutdauer von 12–14 Tagen schlüpfen die Nestlinge, die von beiden Elternteilen mit kleiner tierischer Nahrung versorgt werden. Bis zum Flüggewerden der Nestlinge vergehen rund dreieinhalb Wochen. Falls es sich bei den Nestlingen um eine Zweitbrut handelt, beteiligen sich auch oftmals die Geschwister aus der Erstbrut an deren Fütterung.

Im August sammeln sich die Mehlschwalben meist zu Hunderten, um gemeinsam in ihre Winterquartiere zu fliegen. Diese befinden sich südlich der Sahara und – für die Schwalben aus dem mittleren und östlichen Sibirien – in einigen Regionen Südostasiens.

JAGDGEMEINSCHAFTEN

Sowohl Mehl- als auch Rauchschwalben jagen häufig im Flug. Vor allem über Gewässern passiert es gelegentlich, dass diese geselligen Vögel Jagdverbände bilden. Allerdings halten sich die Mehlschwalben dann stets über den Rauchschwalben auf, wodurch sie das in den unterschiedlichen Lufträumen vorhandene Nahrungsangebot optimal nutzen.

▲ *Mehlschwalben bauen ihr Nest aus feuchten Lehm- oder Erdklümpchen unter natürlichen oder künstlichen Überhängen.*

MEHLSCHWALBEN-NISTHILFE
für den Nestbau

NISTMATERIAL UND NISTHILFEN

Mehlschwalben kann man unterstützen, indem man ihnen Hilfen für den Nestbau anbietet. Dazu gehören lehmige Pfützen, an denen sie ausreichend Baumaterial sammeln können. Bereits die Jungvögel lernen von den Eltern den Nestbau, also wie die Schlammkügelchen verarbeitet werden müssen. Künstliche Nester in halbkugeliger Form werden zwar angenommen, lassen sich aber nur schwer reinigen. Besser ist es daher, die notwendigen Voraussetzungen für den Eigenbau zu schaffen. Fehlen geeignete Nistplätze, kann man einfache aus Holz gebaute Plattformen anbieten.

▲ Eine Mehlschwalbe sammelt Lehmklümpchen an einer Pfütze.

› Alle Bretter wurden vorgebohrt, damit das Holz nicht platzt. Im ersten Arbeitsschritt wird der Mittelsteg mit der Rückwand verschraubt.

› Im zweiten Arbeitsschritt werden Dach und Boden angeschraubt.

› Fast fertig! Die Nisthilfe nun an einer geeigneten Stelle unter einem Dachüberstand fest anbringen.

› Die Nisthilfe sollte auf einer Mindesthöhe von 4 m direkt unter dem Dach befestigt werden. Auf einen möglichst großen Dachüberstand ist zu achten. Um die Fassade zu schonen, kann die Nisthilfe auch einige Zentimeter von der Hauswand entfernt angebracht sein oder man platziert etwa 60–70 cm unterhalb der Nester ein leicht zu reinigendes Kotbrett.

MATERIALLISTE

Eine Nisthilfe für Schwalben ist mit vier Brettern schnell gebaut.
Als Baumaterial benötigt man neben dem geeigneten Werkzeug und Schrauben lediglich:

› 1 Rückwand von 35 × 15 cm

› 1 Dach und 1 Boden von je 35 × 15 cm

› 1 Mittelsteg von 15 × 15 cm

RAUCHSCHWALBE

Die Rauchschwalbe lässt sich von der Mehlschwalbe anhand ihrer Größe sowie der rotbraunen Gesichtsmaske unterscheiden. Unter dieser befindet sich ein schwarzer Brustlatz, der zum weißen Brust- und Bauchgefieder scharf abgegrenzt ist. Außerdem besitzt die Rauchschwalbe einen stärker gegabelten Schwanz.

WISSENSCHAFTLICHER NAME:
Hirundo rustica

FAMILIE: Hirundinidae

VERBREITUNGSGEBIET:
ganz Europa, Nordwestafrika, gemäßigte Breiten Asiens und Nordamerika

LEBENSRAUM: offene Landschaften mit stehenden Gewässern

LÄNGE: 19–22 cm

HAUPTNAHRUNG: Fluginsekten

ANZAHL DER BRUTEN PRO JAHR: zumeist 2, seltener 3

ANZAHL DER EIER PRO GELEGE: 4–6

▲ *Die jungen Rauch-schwalben im Nest warten auf Futter, das ihnen die Altvögel unermüdlich bringen.*

Zum Bau des Nestes, das oft an einer Hauswand platziert wird, verwenden Rauchschwalben die gleichen Materialien wie Mehlschwalben. Allerdings sind Rauchschwalbennester stets oberseitig offen.

▼ *Die Rauchschwalbe besitzt eine typische rotbraune Gesichts-maske.*

SCHÜTZEN

Damit weder Rauch- noch Mehlschwalben mit ihrem Kot Gebäudewände verschmutzen, wird oft ein Kotbrett unter den Nestern angebracht. Nachdem die Schwalben ausgeflogen sind und das Brett wieder abmontiert wurde, bietet es sich an, den Kot mit einer alten Bürste abzukratzen. Diesen hervorragenden Dünger gibt man in den Komposter oder bringt ihn direkt im Garten aus.

Anfang September bereiten sich die Rauchschwalben, bei denen es sich um Langstreckenzieher handelt, auf den Flug in die Winterquartiere vor. Diese befinden sich südlich der Sahara, in Indien sowie für die amerikanischen Rauchschwalben in Mittel- und Südamerika.

UFERSCHWALBE

Bei der Uferschwalbe, die fast immer in Brutkolonien zusammenlebt, handelt es sich um die kleinste Schwalbenart Europas. Ende April bis Anfang Mai kehren diese Langstreckenzieher aus ihren zentral- beziehungsweise westafrikanischen Überwinterungsgebieten zurück. Als Brutplätze dienen ihnen natürliche oder vom Menschen geschaffene Steilwände, die sich fast immer in der Nähe eines größeren Gewässers befinden. In diese Steilwände gräbt jedes Uferschwalbenpaar eine horizontal verlaufende Röhre, deren hinteres Ende mit trockenen Halmen und Federn gepolstert wird.

Wie alle Schwalbenarten ist auch die Uferschwalbe eine schnelle Fliegerin. Sie kann Geschwindigkeiten von 50 Stundenkilometern erreichen. Bemerkenswert ist dabei, dass im schnellen Flug sowohl gebadet als auch Trinkwasser aufgenommen wird. Zumeist findet auch die Jagd nach Insekten unmittelbar über einer Gewässeroberfläche statt.

BEOBACHTEN
Uferschwalben kehren oft über mehrere Jahre zu den gleichen Brutplätzen zurück. Entdeckt man in der kalten Jahreszeit Brutplätze und ist sich nicht sicher, ob diese tatsächlich von Uferschwalben stammen, stellen die querovalen Einfluglöcher ein charakteristisches Erkennungsmerkmal dar.

▼ *Uferschwalben sind Höhlenbrüter.*

WISSENSCHAFTLICHER NAME:
Riparia riparia

FAMILIE: Hirundinidae

VERBREITUNGSGEBIET: fast ganz Europa, gemäßigte Breiten Asiens und Nordamerikas

LEBENSRAUM: Flussufer, Steilküsten, Lehm- und Kiesgruben, Tagebauabbruchwände

LÄNGE: 12–13 cm

HAUPTNAHRUNG: kleine Insekten

ANZAHL DER BRUTEN PRO JAHR: häufig 2

ANZAHL DER EIER PRO GELEGE: 5–6

ZILPZALP

WISSENSCHAFTLICHER NAME:
Phylloscopus collybita

FAMILIE: Phylloscopidae

VERBREITUNGSGEBIET:
nahezu ganz Europa bis nach
Sibirien und Vorderasien, Teile
Nordafrikas

LEBENSRAUM: Wälder, Feldgehölze, Parks, Streuobstwiesen,
größere Gärten

LÄNGE: 11 cm

HAUPTNAHRUNG: Insekten und
deren Larven, Spinnen, seltener
Asseln und Spinnen

**ANZAHL DER BRUTEN
PRO JAHR:** 1

**ANZAHL DER EIER
PRO GELEGE:** 6–7

BEOBACHTEN

Der Zilpzalp ähnelt dem
Fitislaubsänger im Erscheinungsbild so stark, dass beide
Vögel kaum zu unterscheiden sind.
Siedelt sich einer von ihnen im Garten
an und soll sicher identifiziert werden,
ist es ratsam, genau auf den Gesang
zu hören. Im Unterschied zum
Zilpzalp ruft der Fitis „hüitt"
oder „füid".

Aufgrund seines Gesangs, der wie
„zilp-zalp" klingt, erhielt dieser Vogel
seinen Populärnamen. Außerdem
wird er häufig noch als Weidenlaubsänger bezeichnet.
Äußerlich ähnelt er sehr
stark dem Fitislaubsänger.
Bei Gartenfreunden ist der
Zilpzalp sehr beliebt,
da er große Men-
gen an Blattläusen
frisst.

▲ *Der Zilpzalp wird auch
als Weidenlaubsänger
bezeichnet.*

FITISLAUBSÄNGER

WISSENSCHAFTLICHER NAME: *Phylloscopus trochilus*

FAMILIE: Phylloscopidae

VERBREITUNGSGEBIET: fast ganz Europa bis Nordostsibirien

LEBENSRAUM: unterholzreiche Wälder, dichte Hecken, Parks, Gärten, Gewässerufer

LÄNGE: 11 cm

HAUPTNAHRUNG: kleine Spinnen, Insekten und deren Larven, Beeren, junge Knospen

ANZAHL DER BRUTEN PRO JAHR: 1

ANZAHL DER EIER PRO GELEGE: 6–7

Der oft nur als Fitis bezeichnete Fitislaubsänger ist ein Langstreckenzieher, dessen Überwinterungsgebiete südlich der Sahara liegen. Der Flug über die Sahara wird trotz des Wassermangels ohne größere Tortur überstanden, weil dieser Vogel nur während der kühlen Nachtstunden weiterzieht und sich tagsüber im Schatten ausruht. Zusätzlich verfügt der Fitis über ein körpereigenes Kühlsystem. Wenn er ausatmet, lagert sich die Luft an der kühlen Rachenoberfläche als Kondenswasser ab.

▶ *In Mitteleuropa ist der Fitis nur ein Sommergast.*

SCHÜTZEN
Der Fitis ist ein Bodenbrüter. Um ihm im eigenen Garten Brutplätze anzubieten, muss dieser zumindest stellenweise „wilde Ecken" aus dichtem Unterholz aufweisen, das von hohen Gräsern und Stauden umsäumt ist.

SCHWANZMEISE

Sag mir deinen Namen und ich weiß, wie du aussiehst! Bei der Schwanzmeise ist dieser Satz besonders zutreffend, denn sie besitzt einen langen Schwanz, der mehr als die Hälfte der Körperlänge einnimmt.

Zwischen April und Juni errichten Schwanzmeisen in Sträuchern oder Astgabeln

BEOBACHTEN
Eine hervorragende Möglichkeit Schwanzmeisen aus der Nähe zu beobachten bieten winterliche Futterhäuschen, die mit Körnerfutter, Meisenringen und -knödeln ausgestattet sind. Es ist immer wieder ein toller Anblick, wenn sich ein Schwarm Schwanzmeisen ausgiebig am Futter labt.

gut versteckte, ei- bis annähernd kugelförmige Nester. Diese bestehen aus Moosen, Flechten und Tierhaaren. Nach einer Brutdauer von zumeist 13–14 Tagen schlüpfen die Nestlinge.

▶ *Schwanzmeisen plündern einen Futterknödel.*

WISSENSCHAFTLICHER NAME:
Aegithalos caudatus

FAMILIE: Aegithalidae

VERBREITUNGSGEBIET:
Europa über Kleinasien und
Sibirien bis nach China

LEBENSRAUM: feuchte Laub-
und Mischwälder, gelegentlich
auch Parks, Streuobstwiesen
und Gärten

LÄNGE: 14 cm

HAUPTNAHRUNG: Insekten,
Tausendfüßer, Spinnen, Sämereien, Knospen, kleine Beeren

**ANZAHL DER BRUTEN
PRO JAHR:** 1–2

**ANZAHL DER EIER
PRO GELEGE:** 8–12

Außerhalb der Brutzeit streichen die Schwanzmeisen häufig in kleinen Schwärmen umher, die zumeist 10–30 Individuen umfassen. In Mitteleuropa, wo die Schwanzmeisen ganzjährig in ihren Brutgebieten verbleiben, stellen sich solche Trupps manchmal am winterlichen Futterhäuschen ein. Zu diesen „Heimatverbundenen" gesellen sich oft noch gastierende Exemplare aus Osteuropa, wenn die dortigen Winter für die Schwanzmeisen zu kalt sind.

▼ *Die Nester sind meist kugelförmig und gut versteckt.*

ROHRSCHWIRL

WISSENSCHAFTLICHER NAME: *Locustella luscinioides*

FAMILIE: Locustellidae

VERBREITUNGSGEBIET: Westeuropa und Nordwestafrika bis Ural, vielerorts aber nur punktuell vertreten

LEBENSRAUM: großflächige, dicht stehende Röhrichtbestände

LÄNGE: 14 cm

HAUPTNAHRUNG: Spinnen, Insekten

ANZAHL DER BRUTEN PRO JAHR: 2

ANZAHL DER EIER PRO GELEGE: 4–5

SCHÜTZEN

Am wichtigsten sind der Erhalt und die Regenerierung von Röhrichtbeständen in den noch vorhandenen Brutgebieten. Dieser Biotopschutz muss mit einer Verminderung der Eutrophierung (Überdüngung) in den dortigen Gewässern einhergehen. Außerdem sind jegliche Störungen an den Brutplätzen zu vermeiden.

Im Unterschied zum sehr ähnlich aussehenden, jedoch größeren Drosselrohrsänger besitzt der Rohrschwirl ein langes, stufiges Schwanzgefieder. Eine besondere Erwähnung verdient das teilweise überdachte Nest des Rohrschwirls, das er bevorzugt in dichten Röhrichtbeständen baut. Im Herbst fliegt dieser Langstreckenzieher in Gebiete am Südrand der Sahara.

▼ *Die meisten Gelege des Rohrschwirls umfassen 4–5 Eier.*

FELDSCHWIRL

Ohnehin ist es schwierig, diesen versteckt lebenden Vogel einmal zu Gesicht zu bekommen. Zumeist wird man nur den Gesang des Männchens vernehmen. Gelingt dies aber, orientiert man sich am besten an seinem schmalen Schnabel. Dann ist der Feldschwirl nicht mit einem Sperlingsweibchen zu verwechseln und der ebenso große Schlagschwirl *(Locustella fluviatilis)* hat auf der Brust ein Fleckenmuster. Im Herbst ziehen die Vögel nach Nordafrika oder Südwestasien.

SCHÜTZEN
Feldschwirle bauen ihre Nester am Boden und brüten zwischen Mai bis Anfang Juli. Während dieser Zeit sollten Feuchtwiesen nicht gemäht, beweidet oder anderweitig bearbeitet werden.

WISSENSCHAFTLICHER NAME:
Locustella naevia

FAMILIE: Locustellidae

VERBREITUNGSGEBIET:
West- und Mitteleuropa bis Südwestsibirien

LEBENSRAUM: feuchte Wiesen mit hohem Gras und zahlreichen Strauchgruppen, Verlandungszonen stehender Gewässer

LÄNGE: 12,5–13 cm

HAUPTNAHRUNG: Spinnen, Insekten und deren Larven

ANZAHL DER BRUTEN PRO JAHR: 1, selten 2

ANZAHL DER EIER PRO GELEGE: 5–6

▼ *Feldschwirl beim Balzgesang*

DROSSELROHRSÄNGER

WISSENSCHAFTLICHER NAME:
Acrocephalus arundinaceus

FAMILIE: Acrocephalidae

VERBREITUNGSGEBIET:
große Teile Europas bis Nordwestafrika und Ostasien

LEBENSRAUM: große Schilfbestände an stehenden Gewässern

LÄNGE: 19 cm

HAUPTNAHRUNG: Spinnen,
Insekten, Schnecken, kleine
bzw. junge Amphibien, Beeren

**ANZAHL DER BRUTEN
PRO JAHR:** 1

**ANZAHL DER EIER
PRO GELEGE:** 4–6

Beim Drosselrohrsänger handelt es sich um einen Langstre-ckenzieher, der im tropischen Afrika überwintert. Er ist zwar deutlich größer als der Teichroh-sänger, aber ansonsten ähneln sich beide Arten sehr. Der ebenfalls ähnliche Gesang des Drosselrohrsängers ist allerdings lauter.

SCHÜTZEN

Die Bestände des Drossel-rohrsängers sind seit Jahrzehnten stark rückläufig. Die Ursachen dafür liegen in einer verstärkten Gewässer-eutrophierung sowie einer zunehmenden Verlandung der Schilfbestände. Hinzu kommt, dass dieser Vogel während der Brut sehr empfindlich auf Störun-gen durch Wassersportler und unachtsame Spaziergänger reagiert.

TEICHROHRSÄNGER

WISSENSCHAFTLICHER NAME:
Acrocephalus scirpaceus

FAMILIE: Acrocephalidae

VERBREITUNGSGEBIET:
große Teile Europas bis Nordafrika und in die Mongolei

LEBENSRAUM: dichte Schilf- und Großseggenbestände, Ufergebüsch an stehenden Gewässern, Flüssen und Mooren

LÄNGE: 12,5 cm

HAUPTNAHRUNG: Spinnen, Insekten und deren Larven, Schnecken

ANZAHL DER BRUTEN PRO JAHR: 1

ANZAHL DER EIER PRO GELEGE: 4–5

Mit seinem schlanken Körper ist der Teichrohrsänger bestens an das Leben zwischen den oft eng stehenden Schilfhalmen angepasst. Er umfasst diese mit den Füßen und rutscht und klettert an ihnen auf und ab. Die Entfernung zum nächsten Halm wird zumeist hüpfend überwunden.

Den Winter verbringen die Teichrohrsänger im tropischen Afrika, von wo sie Ende April in ihre Brutgebiete zurückkehren. Noch vor 100 Jahren gehörte Skandinavien nicht zum Siedlungsbereich des Teichrohrsängers, aber seit einigen Jahrzehnten „erobert" er zunehmend Finnland und Dänemark.

▲ *Teichrohrsänger beim Füttern des Nachwuchses*

SCHÜTZEN
Während der Brutzeit des Teichrohrsängers – also zwischen Anfang Mai und Mitte Juni – sollten an bewirtschafteten Teichen keine Schilfrückschnitte oder sonstige Störungen erfolgen.

KUCKUCKSWIRT

Der Teichrohrsänger wird oft als Paradebeispiel für einen „Kuckuckswirt" verwendet, also ein Vogel, in dessen Nest das Kuckucksweibchen *(Cuculus canorus)* sein Ei legt. Das entspricht auch den Tatsachen, allerdings umfasst die Liste der potenziellen Kuckuckswirte noch etwa 100 weitere Singvogelarten, zu denen beispielsweise auch die Sperbergrasmücke, der Gartenrotschwanz und die Bachstelze gehören.

Im Unterschied zum Sumpfrohrsänger *(Acrocephalus palustris),* der das deutlich größere Kuckucksei fast immer aus seinem Nest wirft, zeigt der Teichrohrsänger fast nie ein derartiges Verhalten. Stattdessen kümmern sich die Teichrohrsänger aufopferungsvoll um das Kuckucksküken und vernachlässigen dabei ihre eigenen Jungen.

GELBSPÖTTER

Bei den Spöttern handelt es sich um Vögel, die über ein umfangreiches Gesangsrepertoire verfügen, aber gleichzeitig auch in der Lage sind, den Gesang anderer Vogelarten täuschend echt zu imitieren. Hierbei bildet auch der Gelbspötter keine Ausnahme. Seinen Gesang lässt dieser agile Vogel, der scheinbar unaufhörlich unterwegs ist, bevorzugt aus den Wipfeln hoher Bäume ertönen.

In seinem Erscheinungsbild ähnelt er dem Fitis. Allerdings ist der Gelbspötter nicht nur etwas größer, sondern sein Kopf wirkt auch wuchtiger. Die Artbestimmung wird jedoch des Öfteren dadurch erschwert, dass im Verlauf des Sommers das gelbe Kehl-, Brust- und Bauchgefieder des Spötters deutlich verblasst. Die Wintermonate verbringt der Gelbspötter im tropischen und südlichen Afrika, von wo er Ende April zurückkehrt.

▼ *Orpheusspötter*

WISSENSCHAFTLICHER NAME:
Hippolais icterina

FAMILIE: Acrocephalidae

VERBREITUNGSGEBIET:
Mitteleuropa und einige
Regionen Skandinaviens bis
nach Westsibirien

LEBENSRAUM: Parkanlagen,
Feldgehölze, Gärten, Friedhöfe,
Auen- und Laubwälder

LÄNGE: 13 cm

HAUPTNAHRUNG: Insekten und
deren Larven, Spinnen, Schnecken, Beeren

**ANZAHL DER BRUTEN
PRO JAHR:** 1, sehr selten 2

**ANZAHL DER EIER
PRO GELEGE:** 4–6

BEOBACHTEN
Noch schwerer als vom Fitis ist
der Gelbspötter von seiner Zwil-
lingsart, dem Orpheusspötter *(Hippolais
polyglotta)*, zu unterscheiden. Dessen ursprüng-
liches Verbreitungsgebiet erstreckte sich über
Nordafrika sowie West- und Südeuropa, aber seit
einigen Jahren erweitert der Orpheusspötter dieses
Areal allmählich in östliche und nördliche Richtung.
Dadurch kommt es in einigen Regionen bereits
zur Überlappung der Verbreitungsgebiete beider
Arten. Trotzdem lassen sich beide Arten sicher
identifizieren, denn der Gelbspötter besitzt
gelbe Säume an den Flügeln, die
beim Orpheusspötter nie vorhanden sind.

BLASSSPÖTTER

Mitteleuropa gehört nicht zum ursprünglichen Verbreitungsgebiet des Blassspötters. Allerdings findet sich dieser Vogel in den letzten Jahren immer häufiger als Irrgast und Brutpionier ein. Den Winter verbringen die mitteleuropäischen Brutpioniere fast ausnahmslos im tropischen Afrika.

SCHÜTZEN

Der Blassspötter brütet bevorzugt in zumeist dornigen Sträuchern. Hat sich ein Paar im Garten angesiedelt, dessen exakten Nistplatz man nicht kennt, sollte im Juni kein Zuschnitt von Sträuchern und Hecken erfolgen, weil ansonsten die Blassspötter bei ihren Brutaktivitäten gestört würden.

WISSENSCHAFTLICHER NAME:
Iduna pallida

FAMILIE: Acrocephalidae

VERBREITUNGSGEBIET:
Südosteuropa bis Nordafrika und Zentralasien

LEBENSRAUM: Parks, Streuobstwiesen, Gärten, Baumgruppen in trockenem Gelände

LÄNGE: 13 cm

HAUPTNAHRUNG: kleine Spinnen, Insekten und deren Larven

ANZAHL DER BRUTEN PRO JAHR: 1 in Mitteleuropa, im Süden oft 2

ANZAHL DER EIER PRO GELEGE: 3–4

MÖNCHSGRASMÜCKE

▲ *Männliche Mönchsgras-
mücken besitzen ein schwar-
zes Scheitelgefieder, weibliche
(rechts) ein rotbraunes.*

Die Geschlechter sind bei der Mönchsgrasmücke problemlos zu unterscheiden. Während die Weibchen ein rotbraunes Kopfgefieder besitzen, ist dieses bei den Männchen schwarz. Aufgrund des schwarzen Gefieders, das in seiner Form an die Tonsur von Mönchen erinnert, erhielten diese Vögel ihren Populärnamen. Dagegen nimmt die lateinische Gattungsbezeichnung *Sylvia* (silva = Wald) Bezug auf den wichtigsten Lebensraum dieses Vogels. Außerdem ist Sylvia der Name der Königin des Waldes. Der Artname „atricapilla" hat ebenfalls lateinische Wurzeln und bedeutet „Schwarzköpfchen".

SCHÜTZEN

Die Mönchsgrasmücke führt eine zurückgezogene Lebensweise. Sie hält sich gern in Biotopen mit viel Unterholz auf, die ausreichend Deckung und Versteckmöglichkeiten bieten. Besonders beliebt sind Unterholzbestände die großflächige „Efeuteppiche" aufweisen. Diesen Bepflanzungsaspekt sollte man unbedingt beachten, wenn man einen naturnahen Garten gestalten möchte, der Mönchsgrasmücken als potenzielles Brutrevier dienen soll.

Noch vor ein paar Jahrzehnten gehörte die Mönchsgrasmücke zu den Kurzstreckenziehern, die im Frühherbst Nord- und Mitteleuropa verließen, um in Nordafrika oder den Mittelmeeranrainerländern zu überwintern. Durch die zunehmend milderen Winter ist dieses Zugverhalten gegenwärtig im Wandel begriffen, denn tendenziell bleiben immer mehr Mönchsgrasmücken ganzjährig in ihren mitteleuropäischen Brutgebieten. Noch deutlicher ist die Situation in Großbritannien, wo die Mönchsgrasmücken den Inselstaat kaum noch verlassen, sondern zum Überwintern nur nach Südengland fliegen.

WISSENSCHAFTLICHER NAME:
Sylvia atricapilla

FAMILIE: Sylviidae

VERBREITUNGSGEBIET:
fast ganz Europa bis zum Ural, Kleinasien und Nordafrika

LEBENSRAUM: feuchte Wälder, Feldgehölze, Parkanlagen, Gärten, alte Friedhöfe

LÄNGE: 14 cm

HAUPTNAHRUNG: Insekten und deren Larven, Spinnen, Würmer, Nektar, gelegentlich Beeren

ANZAHL DER BRUTEN PRO JAHR: 2

ANZAHL DER EIER PRO GELEGE: 3–6 (zumeist 5)

GARTENGRASMÜCKE

Der Populärname der Gartengrasmücke ist ein wenig irreführend, denn dieser seltene Vogel siedelt sich nur relativ selten in Gärten an. Gartengrasmücken gehören zu den Langstreckenziehern, die den Winter südlich der Sahara verbringen. Um den Flug über die Wüste unbeschadet zu überstehen, fressen sich die Gartengrasmücken zuvor reichliche Fettreserven an.

BEOBACHTEN
Oft hört man nur den Gesang der unscheinbar gefärbten Gartengrasmücke, bekommt sie aber nicht zu Gesicht. Wer diesen Vogel beobachten möchte, sollte sich – mit einem Fernglas ausgestattet – ein gutes Versteck suchen und viel Geduld mitbringen.

WISSENSCHAFTLICHER NAME:
Sylvia borin

FAMILIE: Sylviidae

VERBREITUNGSGEBIET:
fast ganz Europa bis Westsibirien und zum Südkaukasus

LEBENSRAUM: lichte, unterholzreiche Wälder, gelegentlich auch an den Ufern stehender Gewässer

LÄNGE: 14 cm

HAUPTNAHRUNG: Insekten und deren Larven, Spinnen, Würmer, Nektar, gelegentlich Beeren

ANZAHL DER BRUTEN PRO JAHR: 1

ANZAHL DER EIER PRO GELEGE: 4–5

KLAPPERGRASMÜCKE

Die Klappergrasmücke wird auch sehr oft als Zaungrasmücke und gelegentlich als „Müllerchen" bezeichnet, weil das Kehl-, Brust- und Bauchgefieder dieses Vogels weißlich gefärbt ist. Seit einigen Jahren ist bei den Klappergrasmücken ein allmählicher Trend zum Kulturfolger zu verzeichnen, da sie immer häufiger in Siedlungen – dabei auch in Zentren großer Städte – brüten.

▼ Flügge gewordene Klappergrasmücken neben einem der Eltern

WISSENSCHAFTLICHER NAME:
Sylvia curruca

FAMILIE: Sylviidae

VERBREITUNGSGEBIET: große Teile Europas bis Zentralsibirien und Nordchina

LEBENSRAUM: offene, mit Hecken und Feldgehölzen durchsetzte Flächen, Waldränder, Parks, Gärten, Siedlungen

LÄNGE: 11,5–12,5 cm

HAUPTNAHRUNG: kleine Spinnen, Insekten und deren Larven, Beeren

ANZAHL DER BRUTEN PRO JAHR: 1

ANZAHL DER EIER PRO GELEGE: 3 bis zumeist 5

SCHÜTZEN
Haben sich im Garten Klappergrasmücken angesiedelt, sollte man Heckenschnitte erst nach dem 20. Juni durchführen, um diese Vögel nicht beim Brüten oder der Betreuung ihrer Nestlinge zu stören.

SPERBERGRASMÜCKE

WISSENSCHAFTLICHER NAME:
Sylvia nisoria

FAMILIE: Sylviidae

VERBREITUNGSGEBIET:
Mitteleuropa bis Westsibirien
und Kleinasien

LEBENSRAUM: Auenwälder,
Ufersäume von kleinen Fließge-
wässern, locker mit Gehölzen
bestandene Hänge

LÄNGE: 15–17 cm

HAUPTNAHRUNG: kleine Spinnen, Insekten und deren Larven,
Beeren

**ANZAHL DER BRUTEN
PRO JAHR:** 1

**ANZAHL DER EIER
PRO GELEGE:** 4–5

BEOBACHTEN
Sperbergrasmücken
kommen sehr häufig in den
gleichen Biotopen wie der Neuntöter oder Rotrückenwürger (*Lanius
collurio*) vor. Hat man also eine der
beiden Arten entdeckt, kann es
durchaus lohnend sein, auch
nach der anderen gezielt
Ausschau zu halten.

Dieser Vogel verdankt
seinen Namen einer-
seits der, wenn auch nicht
besonders kräftigen, „Sper-
bermusterung" des Kehl-, Brust-
und Bauchgefieders. Andererseits
besitzt die Sperbergasmücke
als einzige Grasmückenart gelbe
Augen, die auch
als „Sperberau-
gen" bezeichnet wer-
den und ein ganz sicheres
Merkmal bei der Identifizierung
darstellen. Den Winter verbringen
die Sperbergrasmücken in Ostafrika
und Südarabien.

BARTMEISE

Bei den Bartmeisen besitzen die erwachsenen Männchen eine zwischen Schnabel und Auge beginnende schwarze Zeichnung, die nach unten ausläuft. Diese „Schnurrbartzeichnung" fehlt den Weibchen. Bartmeisen lieben die Geselligkeit. Sie brüten in Kolonien und gehen zusammen auf Nahrungssuche. Im Winter streifen sie gemeinsam in ihrem Brutgebiet umher.

Um die Samen besser verdauen zu können, die sie während der kalten Jahreszeit in großen Mengen fressen, nehmen Bartmeisen winzige Sandkörner auf. Deren Wirkung im Verdauungstrakt kann man in gewisser Weise mit der von Mühlsteinen vergleichen. Durch die reibende Wirkung werden die Sämereien zerkleinert und gleichzeitig vergrößert sich dabei deren relative Oberfläche, sodass anschließend eine bessere Verdauung erfolgen kann. Bartmeisen sind allerdings nicht besonders tolerant gegenüber Kälte, weshalb bei strengen, lang anhaltenden Minustemperaturen manche Bestände fast komplett sterben.

SCHÜTZEN

Wenn man in der Nähe einer Bartmeisenpopulation wohnt, kann man für diese Vögel im Herbst eine kleine Stelle mit reinem Feinsand anlegen, an der sie sich nach Belieben „bedienen" können.

◀ *Typisch für die Männchen – der schwarze „Schnurrbart"*

WISSENSCHAFTLICHER NAME:
Panurus biarmicus

FAMILIE: Panuridae

VERBREITUNGSGEBIET:
hauptsächlich in Asien; in Europa nur punktuelle Vorkommen, dann aber oft mit zahlreichen Individuen

LEBENSRAUM: vor allem ausgedehnte Schilfflächen und Röhrichte, die größere Seen umgeben

LÄNGE: 15 cm

HAUPTNAHRUNG: Insekten, Würmer, Spinnen, im Winter vorwiegend Sämereien (vor allem von Schilf)

ANZAHL DER BRUTEN PRO JAHR: 1–2

ANZAHL DER EIER PRO GELEGE: 4–7

BLAUMEISE

Die Blaumeise gehört zu den kleinsten Singvogelarten. Aber was die Natur bei ihr an Größe und Gewicht eingespart hat, kompensiert sie mit Kühnheit. Wird im Winter beispielsweise das Futter im Vogelhäuschen knapp, scheuen sich die Blaumeisen nicht davor, Spatzen, Kohlmeisen und andere kleine Singvögel von dort zu vertreiben. Ähnliches trifft zu, wenn ein Pärchen Blaumeisen einen Nistkasten als zukünftige Kinderstube ausgewählt hat. Der Kasten wird dann nicht sofort bezogen, sondern eine Zeit lang jeden Tag inspiziert. Während solcher Inspektionen picken die Blaumeisen häufig ein wenig am Einflugloch

herum. Haben sich zwischenzeitlich andere Vögel in diesem Kasten einquartiert, bekommen sie sofort Ärger mit den Blaumeisen. Sie attackieren die ungebetenen Quartiergäste, worauf diese zumeist die Flucht ergreifen.

SCHÜTZEN

Von Natur aus sind Blaumeisen Höhlenbrüter, die ihre Jungen häufig in Baumhöhlungen aufziehen. Außerdem nehmen sie sehr gern Nistkästen als Brutstätten an. Die besten Voraussetzungen zur Ansiedlung dieser Art bestehen, wenn das kreisrunde Einflugloch einen Durchmesser von 26–28 mm aufweist. Außerdem hat es sich bewährt, wenn die Innenmaße (Breite x Tiefe x Höhe) des Nistkastens etwa 120 x 120 x 200 mm betragen.

▲ Blaumeise beim Füttern eines bereits flügge gewordenen Jungvogels

Im Winter fliegen die Blaumeisen oft in kleinen Schwärmen umher, denen sich häufig weitere Meisenarten und manchmal auch Kleiber und Goldhähnchen anschließen.

WISSENSCHAFTLICHER NAME:
Cyanistes caeruleus

FAMILIE: Paridae

VERBREITUNGSGEBIET:
fast ganz Europa bis zum Kaukasus, Kleinasien und Nordafrika

LEBENSRAUM: Wälder, Feldgehölze, Parks, Streuobstwiesen, Gärten

LÄNGE: 11,5 cm

HAUPTNAHRUNG: Insekten und deren Larven, Spinnen, Sämereien

ANZAHL DER BRUTEN PRO JAHR: 2

ANZAHL DER EIER PRO GELEGE: 9–15, im Extremfall 17

HAUBENMEISE

Aufgrund ihrer irokesen-ähnlichen Federhaube, die beide Geschlechter besitzen, ist die am Körper sperlingsähnlich gefärbte Haubenmeise eigentlich nicht zu verwechseln.

Ab dem Spätsommer betreiben die standorttreuen Meisen etwas Vorratswirtschaft, indem sie Samen von Nadelbäumen in Borkenritzen verstecken.

WISSENSCHAFTLICHER NAME:
Lophophanes cristatus

FAMILIE: Paridae

VERBREITUNGSGEBIET:
fast ganz Europa bis zum Ural

LEBENSRAUM: dichte Nadelwälder, nur selten in Mischwäldern

LÄNGE: 11–11,5 cm

HAUPTNAHRUNG: Insekten und deren Larven, Spinnen, Sämereien (bevorzugt von Nadelbäumen)

ANZAHL DER BRUTEN PRO JAHR: 2

ANZAHL DER EIER PRO GELEGE: 7–10

BEOBACHTEN
Zumeist kann man Haubenmeisen nur als seltene Gäste am winterlichen Futterhäuschen registrieren. Gewöhnlich suchen sie dieses auf, wenn ihre Vorratslager in den Borkenritzen mit Eis überfroren sind. Sie akzeptieren dann aber problemlos das für andere Wintergäste übliche Körnerfutter.

KOHLMEISE

Die Kohlmeise repräsentiert nicht nur die größte, sondern auch die am häufigsten vorkommende Meisenart Mitteleuropas. Ihren heutigen Populärnamen erhielt sie bereits im 15. Jahrhundert. Damals wurde sie auch oft noch als Schwarzmeise bezeichnet, aber der Name Kohlmeise setzte sich in den folgenden Jahrhunderten immer mehr durch.

Aufgrund des sehr possierlichen Aussehens der Kohlmeise fällt es schwer, sich vorzustellen, dass sie zuweilen diebische Eigenschaften an den Tag legt. So kommt es gar nicht so selten vor, dass diese kleinen Strolche Nistmaterial aus den Nestern deutlich größerer Vögel stehlen, um dieses ins eigene Nest einzubauen. Unter den

▶ Gemeinsam schmeckt es eben doch am besten.

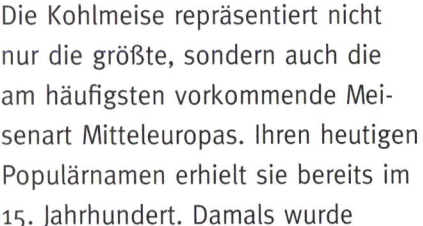

WISSENSCHAFTLICHER NAME:
Parus major

FAMILIE: *Paridae*

VERBREITUNGSGEBIET:
fast ganz Europa, Nordwestafrika, Vorderasien, Sibirien

LEBENSRAUM: Wälder aller Art, Parks, Feldgehölze, Streuobstwiesen, Gärten

LÄNGE: 14 cm

HAUPTNAHRUNG: Insekten und deren Larven, kleine Würmer, Spinnen, Sämereien

ANZAHL DER BRUTEN PRO JAHR: 1–2

ANZAHL DER EIER PRO GELEGE: 7–12

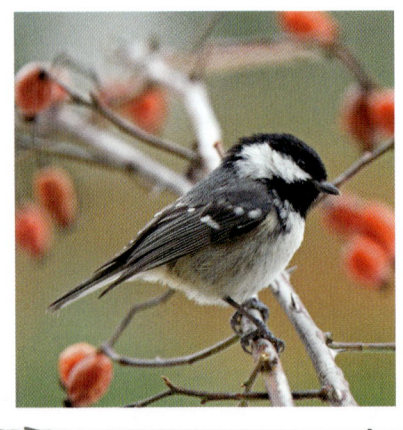

Bestohlenen befinden sich manchmal sogar Krähen, die ebenfalls keine Kostverächter sind. Selbstverständlich schauen die Krähen nicht teilnahmslos zu, wenn sie bestohlen werden. Im Gegenteil, eine solche Tollkühnheit könnte den Meisen sogar das Leben kosten. Deshalb warten die kleinen Spitzbuben, bis die Krähen ihr Nest verlassen und schlagen erst dann zu. Solche Diebeshandlungen wiederholen die Kohlmeisen oftmals so lange, bis sie ausreichend Nistmaterial für ihr Eigenheim haben.

DOPPELGÄNGERIN

Oft werden die kleineren Tannenmeisen *(Periparus ater)*, denen der gelbe Brustlatz fehlt, für Kohlmeisen gehalten. Im Unterschied zur Kohlmeise, deren Hinterhaupt- und Nackengefieder völlig schwarz ist, befindet sich bei der Tannenmeise an dieser Stelle ein breiter weißer Längsstreifen.

SCHÜTZEN

Bei einem Nistkasten für Kohlmeisen sollte das runde Einflugloch einen Durchmesser von 30–34 mm aufweisen. Sobald die jungen Meisen ausgeflogen sind, ist es ratsam, das alte Nest aus dem Kasten zu entfernen und diesen mit klarem Wasser auszuwaschen. Anschließend gibt man eine Hand voll trockenes Moos in den Kasten, damit die Meisen eine saubere Unterlage für ihre nächste Brut haben.

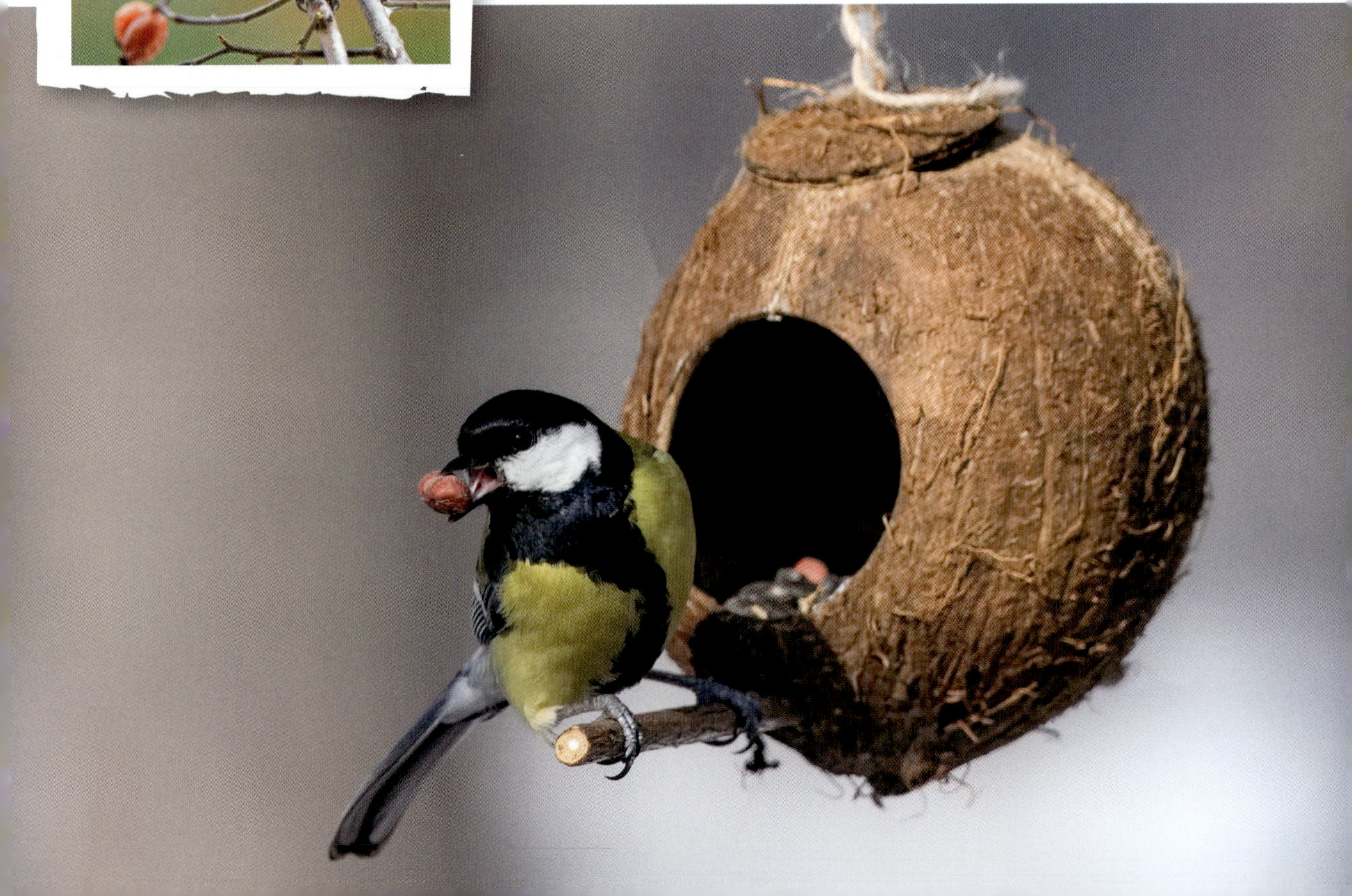

BAUANLEITUNG
für einen Meisenkasten

NISTKÄSTEN FÜR HÖHLENBRÜTER

Besonders die Höhlenbrüter unter unseren Singvögeln sind auf Nistkästen angewiesen, da sie kaum noch natürliche Baumhöhlen finden. Das hier gezeigte Modell wird von den verschiedensten Höhlenbrütern angenommen. Welche Vögel es in Besitz nehmen, hängt in erster Linie von der Größe des Fluglochs ab. Kleinmeisen (Blau-, Hauben-, Sumpf- und Tannenmeise) sowie Feldsperlinge benötigen nur einen Durchmesser von etwa 26–28 mm. Weist das Flugloch dagegen eine Größe von 32–34 mm auf, können auch größere Vögel wie Kohlmeise, Trauer- und Halsbandschnäpper, Gartenrotschwanz, Kleiber oder Haussperling einziehen.

Die Kästen müssen unerreichbar für Katzen und andere Feinde platziert werden. Das Einflugloch möglichst nicht nach Westen ausrichten. Ideal sind Osten oder Süden.

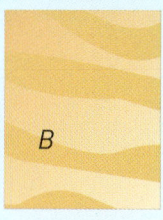

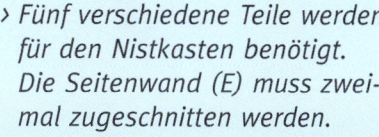

> Fünf verschiedene Teile werden für den Nistkasten benötigt. Die Seitenwand (E) muss zweimal zugeschnitten werden.

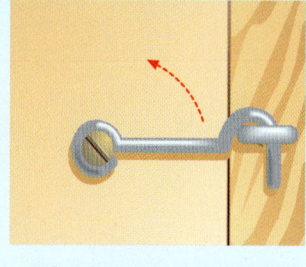

> Mit einem Haken sichert man die Vorderwand.

MATERIALLISTE

Für den Meisenkasten benötigt man:

> 1 Brett für die Bodenplatte 120 × 140 mm

> 1 Brett für die Vorderfront 120 × 250 mm

> 1 Brett für die Rückwand 120 × 270 mm

> 2 Bretter für die Seitenwände 270 × 180 mm (steigen nach hinten leicht an)

> 1 Brett für das Dach 180 × 220 mm

> Haken, Scharnier, Nägel oder Schrauben, Leim

> *Die benötigten Einzelteile mithilfe eines Winkels anzeichnen.*

> *Mit einer elektrischen Stichsäge exakt aussägen.*

NISTKASTENBAU

Besonders gut eignen sich abgehobelte Bretter mit einer Brettstärke von 20 mm aus Douglasienholz, dass im Vergleich mit zahlreichen anderen Hölzern eine bessere Witterungsbeständigkeit hat. Zuerst zeichnen Sie alle Teile nach den Maßen der Materialliste auf das Brett und sägen sie sauber aus. Wer keine Stichsäge hat, kann auch einen normalen Fuchsschwanz benutzen. Die Kanten mit Schleifpapier glätten. Damit die Vögel im Inneren Halt finden, wird die Vorderwand an ihrer Innenseite ein wenig angeraut. Wenn Sie schrauben

> *Sägekanten mit Schleifpapier und einem Stück Latte als Schleifklotz glätten.*

> *Der Nistkastenboden (B) erhält 4–5 Bohrungen, damit Feuchtigkeit abziehen kann.*

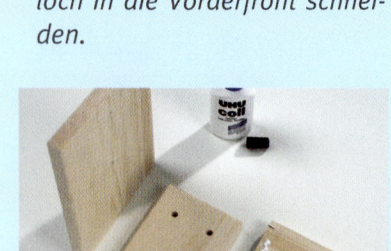

> *Mit einer Lochsäge das Flugloch in die Vorderfront schneiden.*

> *Bei gehobelten Brettern die Innenseite der Vorderwand mit einer Raspel anrauen.*

> *Obere Vorderkante der Vorderfront abrunden, damit man sie später hochklappen kann.*

> *Wasserfester Leim gibt den zu verbindenden Teilen einen zusätzlichen Halt.*

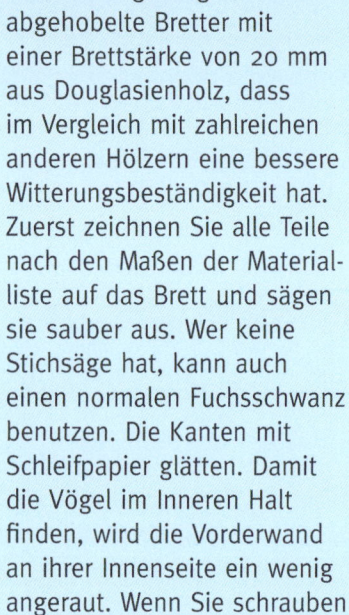

> *Alle Teile nun miteinander verschrauben oder vernageln.*

> *Die bewegliche Vorderfront unten mit Haken fixieren.*

statt nageln wollen, sollten Sie die Schraublöcher vorbohren.

Zunächst bohrt man in die Bodenplatte vier bis fünf Löcher, aus denen später die Feuchtigkeit immer gut aus dem Kasten entweichen kann. Anschließend befestigt man mit Holzschrauben die Seiten sowie die Rückwand an der Bodenplatte. Zur besseren Stabilisierung werden die Seitenwände noch zusätzlich mit der Rückwand verbunden. In die Vorderfront wird mittig, etwa 4 cm unter der Oberkante, das Einflugloch (26–28 mm für Kleinmeisen, 32–34 mm für Kohlmeisen und andere Höhlenbrüter) gebohrt. Danach verbindet man die Bodenplatte durch ein Scharnier mit der Vorderfront, sodass sich Letztere später problemlos zu Reinigungszwecken öffnen lässt. Um zu vermeiden, dass die Vorderfront nach vorn herausklappt, bringt man zusätzlich zwei kleine Ösen an und versieht die Seitenwände mit den zugehörigen Haken.

SCHUTZ VOR NESTRÄUBERN

Zum Schutz vor Katzen und Mardern kann das Einflugloch mit einem Vorbau versehen werden. Zu diesem Zweck genügt ein 3–4 cm starkes Vierkantholz aus Eiche oder Buche, welches eine Bohrung besitzt, die etwa 2–3 mm größer ist als das eigentliche Einflugloch.

SCHUTZ DES NISTKASTENS

Falls man den Nistkasten in einem Gebiet mit einem großen Spechtbestand aufhängen möchte, ist es außerdem ratsam, die Vorderfront mit einem 1–2 mm starken, möglichst nicht mehr intensiv metallisch glänzenden Blech zu verblenden. Die erforderliche Bohrung in diesem Blech sollte ebenfalls 2–3 mm größer sein als das Einflugloch. Auf ein Anstreichen des Nistkasteninnenraums mit synthetisch hergestellten Lacken oder Beizen sollte man unbedingt verzichten, da der oft zurückbleibende Farbgeruch viele Vogelarten davon abhält, diese Brutstätte auch tatsächlich zu beziehen.

◄ *Der fertige Meisenkasten ist bereit für die Brutsaison.*

TANNENMEISE

Die Tannenmeise ist die kleinste und leichteste mitteleuropäische Meise. Von Natur aus ist sie ein Höhlenbrüter, der aber kaum Ansprüche an die künftige Kinderstube stellt. Notfalls begnügen sich Tannenmeisen sogar mit ausgedienten Mäusebauen. Sehr gern werden auch Nistkästen angenommen, bei denen das runde Einschlupfloch 26–28 mm misst.

WISSENSCHAFTLICHER NAME:
Periparus ater

FAMILIE: Paridae

VERBREITUNGSGEBIET:
große Teile der gemäßigten Breiten Eurasiens bis China, Japan und Nordwestafrika

LEBENSRAUM: Nadel- und Mischwälder, Gärten, Parkanlagen, Streuobstwiesen

LÄNGE: 11 cm

HAUPTNAHRUNG: Insekten, Spinnen, Sämereien (bevorzugt von Fichten)

ANZAHL DER BRUTEN PRO JAHR: 1–2

ANZAHL DER EIER PRO GELEGE: 8–10

Tannenmeisen können bis zu fünf Jahre alt werden. Ihre tatsächliche durchschnittliche Lebenserwartung liegt in freier Natur jedoch deutlich niedriger. Einer der Hauptgründe dafür ist der große Druck durch Fressfeinde. Am häufigsten hat es der Sperlingskauz auf die Tannenmeisen abgesehen. Wird dieser frühzeitig bemerkt, versuchen die Tannenmeisen sich zu einer Verteidigungsgruppe zu formieren. Sie rufen dann aufgeregt und scharren mit den Füßen.

Tannenmeisen sind mit besonders langen Zehen ausgestattet. Diese ermöglichen es ihnen, sich sogar an Koniferennadeln festzuhalten, um die Samen aus den Zapfen zu picken. Im Winter ziehen die Exemplare aus Nord- und Osteuropa oft nach Mitteleuropa, während die mittel- und südeuropäischen Tannenmeisen ganzjährig in ihrem Brutgebiet bleiben.

▼ *Tannenmeisen lieben es zu baden.*

WEIDENMEISE

Die Weidenmeise wird wegen ihrer schlicht wirkenden Gefiederfärbung auch als Mönchsmeise bezeichnet. Der Name Weidenmeise rührt daher, dass sie als Kinderstube oft keine bereits vorhandenen Baumhöhlen auswählt. Stattdessen meißelt sie diese mit ihrem Schnabel in morsche Bäume. Dafür werden sehr häufig Weiden ausgewählt.

BEOBACHTEN

Man muss schon genau hinschauen, um die Weidenmeise von ihrer Doppelgängerin, der Sumpfmeise *(Poecile palustris)*, zu unterscheiden. Erstere hat einen etwas kräftigeren Kopf und besitzt auf jeder Flügeldecke eine längliche helle Zeichnung, die annähernd dreieckig ist.

WISSENSCHAFTLICHER NAME:
Poecile montanus

FAMILIE: Paridae

VERBREITUNGSGEBIET:
fast ganz Europa, Sibirien, Japan und Teile Chinas

LEBENSRAUM: Mischwälder, Erlenbrüche, sumpfige Auen, gehölzreiche Gärten

LÄNGE: 11,5 cm

HAUPTNAHRUNG: Insekten und deren Larven, Spinnen, Beeren, Sämereien

ANZAHL DER BRUTEN PRO JAHR: 1

ANZAHL DER EIER PRO GELEGE: 8–10

SUMPFMEISE

Der Name der manchmal auch als Nonnenmeise bezeichneten Sumpfmeise ist dahingehend etwas irreführend, da sie keine sumpfigen, sondern eher trockene Lebensräume bevorzugt. Dabei zeichnen sich Sumpfmeisen durch eine hohe Standorttreue aus.

Gelegentlich treten auch natürliche Hybride (Kreuzungen) auf, die aus einer Verpaarung von Sumpfmeisen mit Weidenmeisen beziehungsweise Kohlmeisen hervorgehen.

▼ *Sumpfmeisen ernähren sich auch von Sämereien.*

WISSENSCHAFTLICHER NAME:
Poecile palustris

FAMILIE: Paridae

VERBREITUNGSGEBIET:
wärmere Regionen Europas bis zum Ural; außerdem Ostasien

LEBENSRAUM: Wälder, Feldgehölze, Parks, Streuobstwiesen, Gärten

LÄNGE: 12 cm

HAUPTNAHRUNG: Insekten und deren Larven, Spinnen, Sämereien (vor allem von Kräutern und Gräsern)

ANZAHL DER BRUTEN PRO JAHR: 1

ANZAHL DER EIER PRO GELEGE: 6–10

SCHÜTZEN
Außer Baumhöhlen nehmen Sumpfmeisen auch gern einen Nistkasten, dessen rundes Einflugloch vorzugsweise einen Durchmesser von 26–28 mm aufweist, als Brutstätte an.

BEUTELMEISE

WISSENSCHAFTLICHER NAME:
Remiz pendulinus

FAMILIE: Remizidae

VERBREITUNGSGEBIET:
Südwest- und Westeuropa bis
Zentralasien

LEBENSRAUM: Auenwälder und
gehölzreiche Uferdickichte

LÄNGE: 11 cm

HAUPTNAHRUNG: Insekten,
Spinnen, Sämereien

**ANZAHL DER BRUTEN
PRO JAHR:** 1

**ANZAHL DER EIER
PRO GELEGE:** 6–8

SCHÜTZEN

Beutelmeisen bauen ihr
neues Nest häufig in der Nähe
des vorjährigen. Dabei verwenden
sie auch gut erhaltene Baumateriali-
en aus dem „Altnest". Damit die Vögel nicht auf dieses „Materiallager"
verzichten müssen, sollte man
die Altnester weder entfernen noch zerstören.

Das frei hängende, tropfförmige Nest der Beutelmeise erinnert sowohl im Aussehen als auch in der Bauweise an das mancher Webervögel. Als tragende Säule des Nestes dient ein nach unten hängender Zweig, an dem die anfangs noch gemeinsam zu Werke gehenden Beutelmeisen einen „Rohbau" aus Pflanzenfasern befestigen. Dafür verwenden sie vor allem langlebige Materialien, wie etwa dünne Streifen,

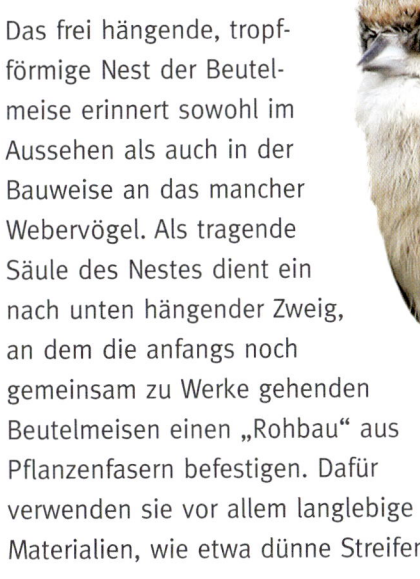

die aus Schilf- oder Rohrkolbenblättern abgetrennt werden. Anschließend „verfugen" die Beutelmeisen den Rohbau mit der Samenwolle von Pappeln und Weiden sowie mit Spinnweben. Die Fertigstellung des Nesteingangsbereichs obliegt dem Weibchen, während sich das polygame Männchen bereits nach neuen Paarungspartnerinnen umschaut.

Beutelmeisen können bis zu fünf Jahre alt werden. Junge Exemplare, die erstmalig ihr Beutelnest errichten, begehen mitunter den Fehler, als „Grundpfeiler" einen zu tief hängenden Zweig zu wählen. Dadurch gelingt es Füchsen des Öfteren, bis zum Nest hochzuspringen, dieses herunterzureißen und das Gelege zu plündern.

SPERLINGSDOPPELGÄNGERIN

Aufgrund ihres grauen Kopfes, der schwarzen Augenbinde und den rotbraunen Flügeldecken wird die Beutelmeise gelegentlich mit dem Haussperling verwechselt.

▶ *Die Jungvögel haben noch keine schwarze Maske.*

SOMMERGOLDHÄHNCHEN

Gemeinsam mit dem Wintergoldhähnchen *(Regulus regulus)* repräsentiert das Sommergoldhähnchen den kleinsten Vogel Europas. Die Unterscheidung zwischen beiden Arten ist ganz einfach, denn das Sommergoldhähnchen besitzt breite weiße Streifen über und unter den Augen, die dem Wintergoldhähnchen fehlen.

SCHÜTZEN

Wichtig für das Sommergoldhähnchen ist der Erhalt von Efeu, Fichten und Wacholder in seinen angestammten Lebensräumen, denn in diesen Gehölzen wird zumeist das gut versteckte Nest gebaut. Gelegentlich wählt es als Kinderstube auch eine Baumhöhlung und in seltenen Fällen unter Efeu verborgene Mauernischen.

WISSENSCHAFTLICHER NAME:
Regulus ignicapilla

FAMILIE: Regulidae

VERBREITUNGSGEBIET:
Süd-, West- und Mitteleuropa bis Nordwestafrika und Kleinasien

LEBENSRAUM: Parks und Wälder aller Art mit reichlich Unterholz

LÄNGE: 9 cm

HAUPTNAHRUNG: kleine Spinnen, Insekten und deren Larven

ANZAHL DER BRUTEN PRO JAHR: 2

ANZAHL DER EIER PRO GELEGE: 7–12

WINTERGOLDHÄHNCHEN

Wintergoldhähnchen nehmen gern ein Bad. Im Sommer geschieht das in der Weise, dass sie zwischen nassen Zweigen „baden". Sobald im Winter Schnee auf die Zweige fällt, dient dieser als „Badewanne". Ähnlich wie ein Kolibri sind sie in der Lage, während der Nahrungssuche auf einer Stelle zu fliegen.

▲ Wintergoldhähnchen verbringen einen großen Teil des Tages mit der Nahrungssuche.

WISSENSCHAFTLICHER NAME:
Regulus regulus

FAMILIE: Regulidae

VERBREITUNGSGEBIET:
große Teile Europas und Asiens bis ins Amurgebiet und an den Fuß des Himalajas

LEBENSRAUM: Fichten- und Tannenwälder, im Winter auch in Parks und Gärten

LÄNGE: 9 cm

HAUPTNAHRUNG: Insekten und deren Larven, Würmer, Schnecken, Spinnen, im Winter auch Sämereien

ANZAHL DER BRUTEN PRO JAHR: 2

ANZAHL DER EIER PRO GELEGE: 8–11

SCHÜTZEN
Um zu überleben, müssen Wintergoldhähnchen täglich eine Nahrungsmenge aufnehmen, die dem eigenen Körpergewicht entspricht. Wenn bei strengen Frösten und geschlossener Schneedecke Wintergoldhähnchen am Futterhäuschen erscheinen, kann man diesen Vögel am besten helfen, indem reichlich kleinkörnige Sämereien angeboten werden.

ZAUNKÖNIG

Der Zaunkönig gehört zu den häufigsten Vogelarten Europas. Sein markantestes Merkmal ist der kurze, fast immer schräg nach oben gerichtete Schwanz. Im Frühjahr baut das Männchen ein kugelförmiges Nest mit seitlichem Einschlupf. Weil dieses Nest an einen altertümlichen Backofen erinnert, wird es auch als Backofennest bezeichnet. Nach der Fertigstellung lockt das Männchen mit seinem Gesang ein Weibchen an und paart sich mit diesem. Anschließend bezieht das Weibchen das Nest. Das Männchen baut danach sofort ein weiteres Nest fertig und lockt erneut ein Weibchen an. Zaunkönigsmännchen dulden fast nie Rivalen in ihrer Nähe. Nur in sehr kalten Winternächten bilden sie Schlafgruppen, um sich gegenseitig zu wärmen. Als Schlafplätze werden dann auch leere Nistkästen angeflogen.

► *Der Schwanz des Zaunkönigs ist fast immer aufgerichtet.*

SCHÜTZEN
Möchte man einen Zaunkönig im eigenen Garten ansiedeln, bietet es sich an, in einer Ecke einen Reisighaufen zu errichten und diesen mit Brombeergestrüpp überwuchern zu lassen. Einer derartigen „Verlockung" können Zaunkönigsmännchen kaum widerstehen.

WISSENSCHAFTLICHER NAME:
Troglodytes troglodytes

FAMILIE: Troglodytidae

VERBREITUNGSGEBIET:
fast ganz Europa, gemäßigte
Breiten Asiens, Nordafrika

LEBENSRAUM: unterholzreiche
Wälder, Parks und Gärten, möglichst mit Wasser in unmittelbarer Nähe

LÄNGE: 9,5 cm

HAUPTNAHRUNG: Spinnen,
Insekten und deren Eier und
Larven

**ANZAHL DER BRUTEN
PRO JAHR:** 1

**ANZAHL DER EIER
PRO GELEGE:** 5–8

◄ *Nestlinge des
Zaunkönigs betteln
um Futter.*

KLEIBER

Zu den typischen Fortbewegungsweisen des Kleibers gehört es, dass er oftmals – den Kopf voran – die Bäume hinunterklettert. Bevor man diesen kleinen Gesellen jedoch zu Gesicht bekommt, hört man zuvor oft schon seine Stimme.

Der auch als Spechtmeise bezeichnete Kleiber verdankt seinen Namen einem mittelalterlichen Handwerksberuf. Zu jener Zeit waren die Kleiber für das Mauern von Lehmwänden zuständig. Im Leben dieser Vogels hat das „Mauern" mit Lehm ebenfalls eine große Bedeutung. Die Kleiber verengen nämlich mit diesem Material den Eingang ihrer Bruthöhle, die sich zumeist in einem Astloch befindet, derartig stark, dass sie nur noch selbst hindurchschlüpfen können. In der Folgezeit schützt der hart gewordene Lehm die Insassen der Bruthöhle bestens vor Plünderungen durch Katzen, Marder und Rabenvögel.

WISSENSCHAFTLICHER NAME:
Sitta europaea

FAMILIE: Sittidae

VERBREITUNGSGEBIET:
große Teile Europas, Sibiriens und Kleinasiens, gemäßigte Breiten Asiens, Nordwestafrika

LEBENSRAUM: Misch- und Laubwälder, Parks, Alleen, Streuobstwiesen, Gärten mit alten Bäumen

LÄNGE: 14 cm

HAUPTNAHRUNG: Insekten und deren Larven, Spinnen, Sämereien, Beeren, Haselnüsse

ANZAHL DER BRUTEN PRO JAHR: 1

ANZAHL DER EIER PRO GELEGE: 6–9

Sehr interessant ist das Verhalten beim Verzehr größerer Insekten, beispielsweise von Käfern, die der Kleiber nicht in „einem Stück" verschlingen kann. Solche Beutetiere werden geschickt in eine Rindenspalte geklemmt, um anschließend aus diesen „schnabelgerechte Brocken" zu hacken.

SCHÜTZEN
Um den Kleibern nicht ihr Baumaterial zu entziehen, sollte man eine feuchte Lehmkuhle nie gänzlich mit Erdreich oder anderen Materialien abdecken.

▶ *Typische Kleiberkinderstube in einer Baumhöhle*

MAUERLÄUFER

Der Mauerläufer gehört zu den seltenen Singvögeln. Ein charakteristisches Merkmal ist sein langer, stilettähnlicher Schnabel, der stark an den des Wiedehopfs *(Upupa epops)* erinnert.

Insofern die Winter relativ mild sind, harren Mauerläufer ganzjährig in ihrem Brutgebiet aus. Allerdings führen sie dann oft ausgedehnte Flugwanderungen durch. Nimmt die Kälte zu, ziehen sie in klimatisch günstigere Regionen. Abgesehen von kurzzeitigen Gruppenbildungen während der Mauser beanspruchen Mauerläufer in der restlichen Zeit des Jahres Reviere. In diesem dulden sie zwar andere kleine Vögel, aber keine Artgenossen. Dringt doch ein solcher in das Revier ein, kommt es häufig zu heftigen Kämpfen, bei denen sich Mauerläufer zuweilen stark verletzen.

Die Nächte werden in einer Schlafhöhle, wie etwa in einer großen Felsspalte, verbracht. Sobald es hell wird, verlassen die Mauerläufer ihre Nachtquartiere und begeben sich auf Nahrungssuche.

BEOBACHTEN

Oft ist es nicht möglich, sich ganz nah an Mauerläufer heranzupirschen, geschweige denn, ihnen im felsigen Gelände zügig zu folgen. Deshalb sollte man zur Beobachtung stets ein Fernglas zur Hand haben.

WISSENSCHAFTLICHER NAME:
Tichodroma muraria

FAMILIE: Tichodromidae

VERBREITUNGSGEBIET:
Hochgebirgsregionen von Spanien bis China

LEBENSRAUM: Felswände und Steingeröllhalden bis zur Schneegrenze

LÄNGE: 16–17 cm

HAUPTNAHRUNG: Insekten, Spinnen

ANZAHL DER BRUTEN PRO JAHR: 1

ANZAHL DER EIER PRO GELEGE: 3–5

GARTENBAUMLÄUFER

Ein markantes Merkmal des Gartenbaumläufers ist der sehr dünne, leicht gebogene Schnabel. In seinem Lebensraum benötigt dieser Vogel unbedingt ältere Bäume, die zumindest eine schon etwas borkige Oberfläche aufweisen, denn an den darin vorhandenen Schlitzen und

WISSENSCHAFTLICHER NAME:
Certhia brachydactyla

FAMILIE: Certhiidae

VERBREITUNGSGEBIET:
Frankreich, Mittel- und Südeuropa, Nordwestafrika, Kleinasien

LEBENSRAUM: Laub- und Mischwälder, Parks, Obstgärten, Streuobstwiesen

LÄNGE: 12 cm

HAUPTNAHRUNG: Insekten und deren Larven, Spinnen und kleine Würmer

ANZAHL DER BRUTEN PRO JAHR: 1–2

ANZAHL DER EIER PRO GELEGE: 5–6

Rissen kann sich dieser kleine Klet-
terkünstler ideal festkrallen. Sobald
er spiralartig um den Baumstamm
herumklettert, erinnern seine
Bewegungen stark an die einer
dahinhuschenden Maus.

Mit dem Waldbaumläufer *(Certhia
familiaris)* besitzt der Gartenbaumläufer wohl den perfektesten Doppelgänger unter den einheimischen
Singvögeln, denn beide Arten lassen
sich eigentlich nur anhand ihrer
Gesangshäufigkeiten sowie der Melo-
dien sicher identifizieren. Im Unterschied zum Gartenbaumläufer singt
der Waldbaumläufer seltener. Außerdem klingt sein Gesang wie „srihih",
während man vom Gartenbaumläufer
ein „sit", „ti ti ti" oder ein „titirititit"
vernimmt.

SCHÜTZEN
Als künstliche Nisthilfe
benötigen Baumläufer einen
in mindestens zwei Meter Höhe
befindlichen Schlitzkasten. Dieser
muss am oberen Rand der Rückwand
eine rechteckige Öffnung aufweisen.
Außerdem sollte die Vorderfront
aufklappbar sein, damit man den
Kasten nach der Brutphase
gut reinigen kann.

25 cm

30 cm

7 cm

5 cm

Rückwand

15 cm

15 cm
Bodenplatte

SEIDENSCHWANZ

Nur wenn sich die Nahrung stark ver-
knappt, erscheinen Seidenschwänze
in einigen Gebieten Mitteleuropas. Sie halten sich dann in
Wäldern, Parks und Gärten auf, um
nach noch vorhandenen Beeren
beziehungsweise an Bäumen
hängendem Restobst zu
suchen. In den meisten
Jahren bleiben diese
Vögel jedoch in ihren
nördlichen Hei-
matgefilden,
in denen sie
während des
Winters in
Schwärmen
umherzie-
hen.

SCHÜTZEN
Stellt man fest, dass
Seidenschwänze den Garten
anfliegen oder sich in Parks aufhalten, kann man ihnen unzerklei-
nerte Äpfel oder Birnen in einer
Futterstation oder an einem kräftigen Zweig, auf dem dieses
Obst aufgespießt wird,
anbieten.

STAR

Stare sind Höhlenbrüter. Sie errichten ihre Nester oftmals in verlassenen Spechthöhlen. Außerdem nehmen sie gern künstliche Nistkästen an. Noch vor ein paar Jahrzehnten zogen Stare in riesigen Schwärmen am Ende des Sommers nach Süd- beziehungsweise Südwesteuropa oder in den Mittelmeerraum, um dort zu überwintern. Inzwischen bleiben auch im Winter immer häufiger Exemplare in Mitteleuropa, wo sie die kalte Jahreszeit vorzugsweise in Großstädten verbringen, weil dort die Temperaturen im Jahresmittel um drei bis vier Grad höher sind.

WISSENSCHAFTLICHER NAME:
Sturnus vulgaris

FAMILIE: Sturnidae

VERBREITUNGSGEBIET:
Europa bis zum Baikalsee; eingeführt in Südafrika, Ostaustralien und Nordamerika

LEBENSRAUM: Wälder, Parkanlagen, Gärten, Streuobstwiesen, Wiesen und Weiden mit Gehölzgruppen

LÄNGE: 22 cm

HAUPTNAHRUNG: Insekten, Spinnen, Regenwürmer, Nacktschnecken, reifes Obst

ANZAHL DER BRUTEN PRO JAHR: 1–2

ANZAHL DER EIER PRO GELEGE: 4–6

Stare mögen die Geselligkeit und gehen gern gemeinsam mit Artgenossen auf Wiesen, Weiden und Äckern auf Nahrungssuche. Seit einigen Jahren gehören sie allerdings auch zum Beutespektrum von Weißstörchen *(Ciconia ciconia)*. Das war früher nicht der Fall. Aber vielerorts wurden die klassischen Nahrungskomponenten für den Storch ziemlich knapp, sodass dieser auf „Ersatz"

SCHÜTZEN

Ein Nistkasten für Stare sollte mindestens vier Meter über dem Erdboden an einem kräftigen Baum angebracht werden. Außerdem muss das runde Einflugloch einen Durchmesser von etwa 45 mm aufweisen. Als günstige Maße für die Bodenplatte haben sich 17 x 17 cm bewährt und die Seitenwände sollten 30–35 cm hoch sein. Besonders gern werden Kästen angenommen, bei denen sich eine etwa 4–5 cm lange Sitzstange vor dem Einflugloch befindet. Darauf sitzend lassen die Stare dann häufig ihren Gesang ertönen.

ausweichen musste. Weil Störche und Stare häufig auf den gleichen Flächen Nahrung suchen, verschwindet dabei manchmal ein Star im Schnabel eines Storches, wenn er diesem allzu keck vor den Füßen herumläuft.

◀ Stare versammeln sich gern in Trupps und teils riesigen Schwärmen.

WASSERAMSEL

Die Wasseramsel lässt sich anhand ihres großen weißen Brustlatzes identifizieren. Das Bemerkenswerteste ist jedoch die Fähigkeit, als einziger Singvogel Europas unter Wasser schwimmen zu können. Dabei schieben die Wasseramseln eine transparente Nickhaut über ihre Augen. Außerdem besitzen sie eine Bürzeldrüse, die ein fettiges Sekret produziert. Mit diesem „cremen" die Vögel ihr Gefieder ein, wodurch es nicht vom Wasser durchdrungen wird. Gleichzeitig wirkt das Sekret – vor allem im Winter – isolierend.

In Mitteleuropa sowie in südlicheren Gefilden verbleiben die Wasseramseln ganzjährig in ihren Brutgebieten. Sie beginnen dann bereits im Winter zu balzen, wobei das singende Männchen mit knicksenden Bewegungen vor dem Weibchen herumhüpft. Bei den Wasseramseln geht die „Liebe aber auch durch den Magen", denn während der Balz übergibt das Männchen dem Weibchen von Zeit zu Zeit Wasserinsekten als Geschenke.

SCHÜTZEN
Grundsätzlich darf niemals Schmutzwasser in ein Wasseramselbiotop eingeleitet werden, weil dadurch die Mehrzahl der Kleinlebewesen abgetötet wird und somit den Vögeln die Hauptnahrungsquellen entzogen werden.

WISSENSCHAFTLICHER NAME:
Cinclus cinclus

FAMILIE: Cinclidae

VERBREITUNGSGEBIET:
weite Teile Europas und
Kleinasiens, Ural, Mittelasien,
Nordwestafrika

LEBENSRAUM: kleinere saubere
Fließgewässer und die angrenzenden Uferregionen

LÄNGE: 18 cm

HAUPTNAHRUNG: Wasserinsekten, Wasserschnecken, sehr
kleine Fische, Bachflohkrebse,
Spinnen

**ANZAHL DER BRUTEN
PRO JAHR:** 2

**ANZAHL DER EIER
PRO GELEGE:** 4–6

ROTDROSSEL

Rotdrosseln verbringen nur die Herbst- und Wintermonate in West- und Mitteleuropa sowie Nordafrika. Auf ihren Zügen in die Überwinterungsgebiete bilden sie häufig Schwärme zusammen mit Wacholderdrosseln und auch Staren. Am Futterhäuschen zeigen sich Rotdrosseln oftmals futterneidisch und attackieren andere Vögel.

SCHÜTZEN

Wenn sich Rotdrosseln am Futterhäuschen einfinden, sollte man ihnen etwas Obst – beispielsweise Äpfel und Birnen – anbieten. Dabei hat es sich bewährt, lieber mehrmals eine kleine Obstmenge in die Futterstation zu legen als einmal ein große. Dadurch vermeidet man, dass die Drosseln das Obst zu sehr „zermatschen".

WISSENSCHAFTLICHER NAME:
Turdus iliacus

FAMILIE: Turdidae

VERBREITUNGSGEBIET:
Skandinavien über Nordrussland bis Nordostsibirien und zum Baikalsee

LEBENSRAUM: lichte Wälder, Parks

LÄNGE: 23–24 cm

HAUPTNAHRUNG: Insekten, Schnecken, Würmer sowie Beeren und andere Früchte

ANZAHL DER BRUTEN PRO JAHR: 2

ANZAHL DER EIER PRO GELEGE: 5–6

AMSEL

WISSENSCHAFTLICHER NAME:
Turdus merula

FAMILIE: Turdidae

VERBREITUNGSGEBIET:
Europa, Nordafrika, Klein- und
Vorderasien; eingeführt in Süd-
ostaustralien und Neuseeland

LEBENSRAUM: Wälder, Parks,
Friedhöfe, Siedlungen

LÄNGE: 25 cm

HAUPTNAHRUNG: Spinnen,
Asseln, Schnecken, junge
Amphibien und Reptilien, Obst,
Sämereien

**ANZAHL DER BRUTEN
PRO JAHR:** 2–3

**ANZAHL DER EIER
PRO GELEGE:** 4–5

Die auch als Schwarzdrossel bezeichnete Amsel ist ein Paradebeispiel
dafür, wie sich das Verhalten einer
Art innerhalb von anderthalb Jahrhunderten völlig verändern kann. Alfred
Brehm beschrieb sie in seinem „Tier-
leben" noch als einen der scheuesten
Vögel des Waldes. Von dieser Scheu
ist kaum etwas übrig geblieben. Im
Gegenteil, gegenwärtig verhalten sich
viele Amseln eher wie „kleine Ner-
vensägen", deren Fluchtdistanz oft so
gering ist, dass man ihnen fast auf
den Schwanz treten könnte.

Im Frühjahr be-
setzen die Amsel-
männchen ihre Reviere,
die sie – wenn es sein
muss – energisch gegen
männliche Artgenossen ver-
teidigen. Allerdings legen es
die Amselhähne nicht auf
Raufereien an. Stattdessen
lassen sie häufig ihren Gesang
ertönen, der potenzielle Rivalen
abschrecken und gleichzeitig paa-
rungswillige Weibchen anlocken soll.
Zu den bereits in Städten und Dörfern

lebenden Amseln gesellen sich in kalten Wintern oft weitere Exemplare, weil die Temperaturen in den menschlichen Siedlungen häufig um ein paar Grad höher sind als in Wäldern oder auf großen Freiflächen.

▶ *Ein Nebenbuhler wird attackiert.*

BEOBACHTEN

Aufgrund ihrer geringen Fluchtdistanz kann man frei lebende Amseln so weit zähmen, dass sie nach einiger Zeit sogar Futterbrocken, wie etwa Apfelstücke, aus der Hand nehmen. Hierzu wirft man den Amseln über mehrere Tage hinweg kleine Futterstücke zu und verringert dabei allmählich die Distanz zwischen ihnen und der fütternden Hand.

SINGDROSSEL

Die Lieblingsnahrung der Singdrossel sind Gehäuseschnecken. Vor dem Verzehr werden deren Gehäuse mithilfe des Schnabels fast immer auf dem gleichen Stein zertrümmert, der daher als Drosselschmiede bezeichnet wird. Die Misteldrossel (Turdus viscivorus) ähnelt der Singdrossel stark. Im Unterschied zur Singdrossel, bei der die Flecken auf dem Brust- und Bauchgefieder eine fischschuppenähnliche Form haben, sind diese bei der Misteldrossel rundlich.

▲ Beeren sind eine wichtige Winternahrung der Singdrossel.

WISSENSCHAFTLICHER NAME:
Turdus philomelos

FAMILIE: Turdidae

VERBREITUNGSGEBIET:
fast ganz Europa und Kleinasien bis zum Baikalsee; eingeführt in Südostaustralien und Neuseeland

LEBENSRAUM: unterholzreiche Wälder, Gärten, Parks, alte Friedhöfe

LÄNGE: 23 cm

HAUPTNAHRUNG: Insekten, Schnecken, Würmer, Beeren und andere Früchte

ANZAHL DER BRUTEN PRO JAHR: 2

ANZAHL DER EIER PRO GELEGE: 4–6

BEOBACHTEN
Die Singdrossel stimmt ihr Lied gern am Abend an. Dann lohnt es sich durchaus, ihr einmal dabei zu lauschen, wenn sie ihren Gesang – zumeist auf einem hohen Baum sitzend – zum Besten gibt.

WACHOLDERDROSSEL

WISSENSCHAFTLICHER NAME:
Turdus pilaris

FAMILIE: Turdidae

VERBREITUNGSGEBIET:
Schottland und Ostfrankreich
über Skandinavien und Mitteleuropa bis Sibirien

LEBENSRAUM: Wälder, Feldgehölze, mit Bäumen bestandene
Gewässerufer, Parks, Gärten

LÄNGE: 25–26 cm

HAUPTNAHRUNG: Insekten,
Spinnen, Schnecken, Würmer
sowie Beeren und andere
Früchte

**ANZAHL DER BRUTEN
PRO JAHR:** 2

**ANZAHL DER EIER
PRO GELEGE:** 5–6

BEOBACHTEN

Fallobst, insbesondere
Äpfel, besitzen eine sehr
große Anziehungskraft auf Wacholderdrosseln. Deshalb erhöhen
sich die Chancen, diese Vögel als
Gäste in den eigenen Garten
zu locken, wenn man nicht
das gesamte Fallobst
aufsammelt.

Der Name der Wacholderdrossel leitet sich von den Früchten des Wacholders ab, die die Lieblingsnahrung dieses Vogels darstellen.

Ebenso verhält es sich mit der kaum noch für die Wacholderdrossel gebräuchlichen Bezeichnung „Krammetsvogel", denn in frühen Zeiten nannte man den Wacholder fast nur „Krammet". Bis zu Beginn des letzten Jahrhunderts wurden die Wacholderdrosseln in Mitteleuropa noch massenhaft gejagt, um sie anschließend in allerlei Zubereitungsvarianten zu verzehren.

Wacholderdrosseln brüten am liebsten gemeinsam mit Artgenossen in kleinen Kolonien. Diese Form des Brütens birgt für sie den Vorteil, dass

sie poten-
zielle Nesträu-
ber gemeinsam
bekämpfen können.
Insbesondere Raben und
Greifvögel bekommen
das des Öfteren zu
spüren, wenn sie
sich einer solchen
Kolonie nähern.
Die Wacholder-
drosseln alarmieren sich dann sofort
gegenseitig und setzen sich in kühnen
Sturzflügen gegen diese Vögel zur
Wehr. Dabei „befeuern" sie die Stö-
renfriede häufig mit „Fäkalbomben",
indem sie ihren Kot äußerst zielsicher
auf die Angreifer spritzen.

Wacholderdrosseln gehören nicht zu
den begnadeten Sängern. Im Gegenteil, ihre meisten Laute erinnern eher

an die
Geräusche
eine Motor-
heckenschere oder das
Gekrächze von Raben-
vögeln. Nur selten
wird dieses
„Geknatter"
durch ein etwas
angenehmer
klingendes „ssii"
unterbrochen.

MISTELDROSSEL

Die Misteldrossel ist die größte Drosselart Europas. Ihr deutscher Name rührt daher, dass sie mit besonderer Vorliebe Beerenfrüchte der Mistel frisst. In Mitteleuropa brütet die Misteldrossel oft schon im März. Falls dann ein Nachwinter auftritt, entstehen immer erhebliche Verluste unter den Nestlingen.

BEOBACHTEN
Ihr Gelege verteidigt die Misteldrossel sehr vehement. Taucht ein potenzieller Nesträuber, beispielsweise ein Rabenvogel, auf, zeigt die Misteldrossel eine bemerkenswerte Verhaltensweise. Bevor sie den Räuber attackiert, plustert sie ihr Gefieder auf. Dadurch will sie größer erscheinen und den Räuber zusätzlich beeindrucken.

WISSENSCHAFTLICHER NAME:
Turdus viscivorus

FAMILIE: Turdidae

VERBREITUNGSGEBIET:
außer Nordskandinavien ganz Europa bis Vorder- und Mittelasien, Nordwestafrika

LEBENSRAUM: lichte Wälder, mit alten Bäumen bestandene Parks, Friedhöfe und Gärten

LÄNGE: 27–29 cm

HAUPTNAHRUNG: Insekten, kleine Schnecken, Regenwürmer, Früchte

ANZAHL DER BRUTEN PRO JAHR: 2

ANZAHL DER EIER PRO GELEGE: 4–5

ROTKEHLCHEN

Das Rotkehlchen zeigt vor Menschen zumeist wenig Scheu. So passiert es beim Umgraben von Beeten nicht selten, dass das kleine Kerlchen munter vor dem Spaten herumhüpft und in der frisch gewendeten Erde Nahrung sucht.

In den Abendstunden baden sie gern ausgiebig im Gartenteich und lassen sich dabei kaum stören.

Als häufig am Boden sich fortbewegende Art frisst das Rotkehlchen oft tierische Futterkomponenten, die andere Vögel versehentlich von Bäumen herabfallen lassen. Um seine Nahrung im Magen besser zu zerkleinern, nimmt das Rotkehlchen kleine Kiesel auf. Diese würgt es von Zeit zu Zeit mit anderen unverdaulichen

Bestandteilen, wie etwa das Chitin erbeuteter Insekten, wieder heraus.

Rotkehlchen gehören zu den sogenannten Kuckuckswirten, also jenen Arten, in deren Nestern der Kuckuck *(Cuculus canorus)* gern Eier ablegt.

Interessant ist dabei das Verhalten der Rotkehlchen. Falls es dem Kuckuck gelingt, sein deutlich größeres und anders gefärbtes Ei den Rotkehlchen unbemerkt unterzuschieben, wird dieses fast immer ausgebrütet und das Kuckucksjunge anschließend aufgezogen. Ganz anders verhält es sich,

SCHÜTZEN

In früheren Zeiten zogen die mitteleuropäischen Rotkehlchen zur Überwinterung oft nach West- und Südeuropa oder nach Nordafrika. Seit ein paar Jahrzehnten bleiben jedoch immer mehr Exemplare auch im Winter in Mitteleuropa, wo sie dann gern Futterhäuschen zur Nahrungsaufnahme aufsuchen. Neben kleinkörnigen Sämereien fressen sie ebenso sehr gern in kleine Stücke gehackte Nusskerne und Eicheln.

wenn die Rotkehlchen den Kuckuck vor oder während seiner Eiablage bemerken. Sie attackieren ihn dann äußerst energisch und schlagen damit den deutlich größeren Vogel in die Flucht.

▼ *Rotkehlchen sind nicht sehr scheu. Neugierig beäugen sie uns gern bei der Gartenarbeit.*

▶ *Rotkehlchen sind ausgezeichnete Sänger – imitieren teils aber auch den Gesang anderer Singvögel.*

WISSENSCHAFTLICHER NAME:
Erithacus rubecula

FAMILIE: Muscicapidae

VERBREITUNGSGEBIET:
fast ganz Europa bis Westsibirien, Kleinasien und Nordwestafrika

LEBENSRAUM: unterholzreiche Wälder, Parks, Friedhöfe, Feldgehölze und Gärten

LÄNGE: 14 cm

HAUPTNAHRUNG: Insekten und deren Larven, Spinnen, Schnecken, Würmer, Beeren, Sämereien

ANZAHL DER BRUTEN PRO JAHR: 2–3

ANZAHL DER EIER PRO GELEGE: 5–7

TRAUERSCHNÄPPER

Der als Sommergast in Mitteleuropa verweilende Trauerschnäpper wird manchmal auch als Trauerfliegenschnäpper bezeichnet. Interessanterweise legen Trauerschnäpper umso mehr Eier, je größer die Gelege von anderen in unmittelbarer Nachbarschaft brütenden Vögel sind. Überwintert wird im tropischen Afrika.

◄ *Links das Weibchen, rechts das Männchen*

WISSENSCHAFTLICHER NAME:
Ficedula hypoleuca

FAMILIE: Muscicapidae

VERBREITUNGSGEBIET:
von Teilen Spaniens, Nordwestafrikas und Westeuropas über Mitteleuropa und Skandinavien bis Westsibirien

LEBENSRAUM: lichte Wälder, Parks, Friedhöfe und Gärten

LÄNGE: 13 cm

HAUPTNAHRUNG: Insekten und deren Larven, Spinnen, selten auch Beeren und Sämereien

ANZAHL DER BRUTEN PRO JAHR: 1

ANZAHL DER EIER PRO GELEGE: 5–8

SCHÜTZEN
Trauerschnäpper brüten bevorzugt in Baumhöhlen. Sind diese nicht vorhanden, weichen sie auch auf Nistkästen aus. Deren rundes Einflugloch sollte einen Durchmesser von 30–34 mm und Abmessungen von 130 x 130 x 200 mm (Breite x Tiefe x Höhe) haben.

SPROSSER

Der Sprosser ist ein Langstreckenzieher, der den Winter im tropischen Ostafrika beziehungsweise in Südostafrika verbringt. Von dort kehrt er Ende April zurück, wobei die Männchen etwa zehn Tage früher erscheinen als die Weibchen, um rechtzeitig ein Brutrevier zu besetzen. Am Boden bewegt sich der Sprosser zumeist hüpfend. Dabei wirken seine Bewegungen etwas gemächlicher als die der Nachtigall. In den Abendstunden nehmen die Sprosser äußerst gern ausgiebige Bäder.

◀ *Der Sprosser ist der Nachtigall sehr ähnlich.*

BEOBACHTEN
Seit ein paar Jahrzehnten ist die Tendenz zu beobachten, dass der Sprosser sein Brutgebiet in südwestlicher Richtung erweitert.

WISSENSCHAFTLICHER NAME:
Luscinia luscinia

FAMILIE: Muscicapidae

VERBREITUNGSGEBIET:
Mitteleuropa bis Balkan, Südskandinavien und Westsibirien

LEBENSRAUM: lichte Auenwälder, Weiden- und Erlenbrüche mit reichlich Unterholz

LÄNGE: 17 cm

HAUPTNAHRUNG: Spinnen, Insekten und deren Larven, Würmer, Beeren

ANZAHL DER BRUTEN PRO JAHR: 1

ANZAHL DER EIER PRO GELEGE: 4–6

NACHTIGALL

Die Nachtigall ähnelt sehr stark dem Sprosser. Außer im Gesang sind beide Vögel nur am Brustgefieder zu unterscheiden, dass beim Sprosser (*Luscinia luscinia*) diffus gefleckt ist.

Allerdings weist das Jugendgefieder der Nachtigall ebenfalls ein Fleckenmuster an Brust und Schultern auf, das sich jedoch mit dem Eintritt ins Erwachsenenalter verliert. Aufgrund

WISSENSCHAFTLICHER NAME:
Luscinia megarhynchos

FAMILIE: Muscicapidae

VERBREITUNGSGEBIET:
große Teile Europas (außer Skandinavien und Russland), Westasiens und Nordwestafrikas

LEBENSRAUM: Auen- und Laubwälder, Parkanlagen, alte Friedhöfe, große Gärten mit viel Unterholz

LÄNGE: 16,5 cm

HAUPTNAHRUNG: Insekten und deren Larven, Spinnen, Würmer, Schnecken, Beeren

ANZAHL DER BRUTEN PRO JAHR: 1

ANZAHL DER EIER PRO GELEGE: 4–6

der extremen Ähnlichkeit, die die Nachtigall zum Sprosser hat, bezeichnet man beide auch als Zwillingsarten.

Unter den Vögeln gehört die Nachtigall zu den besonders begnadeten Sängern, die ihren Namen der Tatsache verdankt, dass ihr Gesang häufig nachts sowie in den zeitigen Morgenstunden zu hören ist. Die meisten Nachtigallen beherrschen 120–260 unterschiedliche Strophentypen, von denen die meisten allerdings nur eine Länge von zwei bis vier Sekunden haben. Da die Nachtigallen sehr auf

Tarnung bedacht sind, wird man sie zwar stets hören, jedoch nur selten zu Gesicht bekommen.

Nachtigallen halten sich oft direkt am Boden oder in dessen unmittelbarer Nähe auf. Ihre Nester bauen sie bevorzugt nur wenige Zentimeter über dem Boden in einem Strauch oder in krautigen Stauden. Sie gehören zu den Langstreckenziehern, die den Winter im tropischen Afrika verbringen.

SCHÜTZEN

Wer diese Vögel gern in seinem Garten ansiedeln möchte, sollte diesen mit reichlich niedrigen Sträuchern bestücken, um die sich ein wenig naturnahe „Wildnis" mit Falllaub sowie kriechendem und rankendem Efeu entwickeln kann. Weiterhin ist es ratsam, auf chemische Insektizide zu verzichten.

BLAUKEHLCHEN

Bei diesem Vogel gibt es zwei Unter-
arten-Gruppen, die auf der blau gefärbten Kehle entweder einen weißen
oder einen roten Fleck besitzen: das
Weißsternige Blaukehlchen *(Luscinia
svecica cyanecula)* und das Rotsternige Blaukehlchen *(Luscinia svecica
svecica)*. Im Unterschied zum Rotster-

▶ *Das schlichter gefärbte
Weibchen*

nigen Blaukehlchen, das bevorzugt
in Skandinavien und im nördlichen Asien brütet, konzentriert sich das Brutgebiet
des Weißsternigen Blau-
kehlchens auf West-,
Mittel- und Ost-
europa sowie
Kleinasien.

▲ *Das Rotsternige
Blaukehlchen*

WISSENSCHAFTLICHER NAME:
Luscinia svecica

FAMILIE: Muscicapidae

VERBREITUNGSGEBIET:
kleine Areale in West- und
Mitteleuropa; von Skandinavien,
Osteuropa und dem Kaukasus
über Sibirien und Zentralasien
bis Nordalaska

LEBENSRAUM: verkrautete und
versumpfte Gehölze, Verlandungszonen und Ufer größerer
Gewässer

LÄNGE: 14 cm

HAUPTNAHRUNG: kleine Spinnen, Insekten und deren Larven,
Beeren, kleines Obst

**ANZAHL DER BRUTEN
PRO JAHR:** 1

**ANZAHL DER EIER
PRO GELEGE:** 5–7

▶ *Das Weißsternige
Blaukehlchen*

SCHÜTZEN
Neben dem Erhalt der typischen Blaukehlchen-Biotope sollte während der zwischen Mai und Mitte Juni stattfindenden Brutphase jegliche Störung vermieden werden.

STEINRÖTEL

WISSENSCHAFTLICHER NAME:
Monticola saxatilis

FAMILIE: Muscicapidae

VERBREITUNGSGEBIET:
Südeuropa und Nordwestafrika
über Kleinasien bis Ostasien

LEBENSRAUM: sonnige Fels-
hänge, Steinbrüche, Weinberge
mit steinigem Untergrund,
Ruinen

LÄNGE: 19,5 cm

HAUPTNAHRUNG: Insekten und
deren Larven, Spinnen, Würmer,
junge Eidechsen, Beeren

**ANZAHL DER BRUTEN
PRO JAHR:** 1

**ANZAHL DER EIER
PRO GELEGE:** 4–5

▲ *Im Vordergrund das Weib-
chen, dahinter das Männchen*

Steinrötel werden im Alpenraum
auch als Berglerchen bezeichnet.
Sie sind Langstreckenzieher, die
den Winter im tropischen Afrika
verbringen. Wenn sie im Frühjahr
in ihre Brutgebiete zurückkehren,
passiert es gelegentlich, dass
manche Exemplare als Irrgäste
bis nach Dänemark und Norwe-
gen fliegen.

BEOBACHTEN
Die seltenen Steinrötel
erweisen sich vor allem im Mai
und Juni während ihrer Brutphasen
als extrem störanfällig. Aus diesem
Grund sollte man sie und ihre Nistplätze während dieser Zeit nur aus großer Entfernung mit einem Fernglas
beobachten und sich dabei
sehr vorsichtig ver-
halten.

GRAUSCHNÄPPER

SCHÜTZEN

Grauschnäpper sind Halb-
höhlenbrüter, die gern entsprechende Nistkästen als Kinderstuben
beziehen. Unabhängig davon sind sie bezüglich der Kinderstube nicht wählerisch.
So richten sie diese manchmal auch unter
abstehender Borke, an begrünten Hauswänden, in Blumenkästen und -töpfen,
hinter Fensterläden, in Mauernischen
sowie verlassenen Schwalben-
nestern ein.

Der Grauschnäpper, der ab und an
auch als Grauer Fliegenschnäpper
bezeichnet wird, ist ein Zugvogel, der
den Winter im tropischen und südlichen Afrika verbringt. Die Jagd erfolgt
fast ausschließlich im Flug. Dabei
werden auch Insekten geschickt
von Pflanzen abgesammelt.

WISSENSCHAFTLICHER NAME:
Muscicapa striata

FAMILIE: Muscicapidae

VERBREITUNGSGEBIET:
fast ganz Europa und Nordwestafrika bis zum Baikalsee und
zur Mongolei

LEBENSRAUM: Wälder, Parks,
Gärten

LÄNGE: 14 cm

HAUPTNAHRUNG: Insekten und
deren Larven, Asseln, Schnecken, Beeren

**ANZAHL DER BRUTEN
PRO JAHR:** 1

**ANZAHL DER EIER
PRO GELEGE:** 4 oder zumeist 5

STEINSCHMÄTZER

Die Gefiederfärbung des männlichen Steinschmätzers ähnelt der des Raubwürgers (Lanius excubitor). Der Raubwürger ist aber nicht nur deutlich größer, sondern besitzt auch einen kürzeren und viel kräftigeren Schnabel. Den Winter verbringen Steinschmätzer im tropischen Afrika.

SCHÜTZEN
Der Steinschmätzer gehört bei uns zu den vom Aussterben bedrohten Vogelarten. Sein Nest errichtet er zwischen Felsspalten oder in den Nischen von locker geschichteten Natursteinhaufen. Deshalb kann man als Nisthilfen Lesesteinhaufen sowohl in der Natur als auch im Garten anlegen.

▲ Links ein Männchen mit auffälligem schwarzen Prachtkleid.

WISSENSCHAFTLICHER NAME:
Oenanthe oenanthe

FAMILIE: Muscicapidae

VERBREITUNGSGEBIET:
fast ganz Europa, Kleinasien, Sibirien, gemäßigte Klimazonen Asiens, Alaska, Grönland

LEBENSRAUM: Ödland, Kahlschläge, steppenartige Flächen, Felder, Gärten, Geröllhalden, Brachen, Sandgruben

LÄNGE: 14 cm

HAUPTNAHRUNG: Insekten und deren Larven, Spinnen, Schnecken, Würmer, Beeren

ANZAHL DER BRUTEN PRO JAHR: 1–2

ANZAHL DER EIER PRO GELEGE: 5–6

▶ Außerhalb der Brutzeit ist die Färbung der Männchen etwas unscheinbarer ausgeprägt.

HAUSROTSCHWANZ

Ursprünglich besiedelte der auch als Hausrotschwänzchen bezeichnete Hausrotschwanz felsiges Gelände in sonnigen Lagen. Inzwischen hat er sich aber ganz zu einem Kulturfolger entwickelt, der nicht nur gern in Städten und Dörfern brütet, sondern auch relativ wenig Scheu vor Menschen zeigt.

Hausrotschwänze jagen oft von einem Ansitz aus, auf dem sie auf vorbeifliegende Insekten warten und diese dann schnell erbeuten. Vielerorts haben die Hausrotschwänze Kompostbehälter als idealen Ansitz entdeckt, vor allem dann, wenn ein oder zwei Tage zuvor frischer Rasenschnitt

SCHÜTZEN
Obwohl sie Nischen als Brutplätze bevorzugen, quartieren sich Hausrotschwänze auch manchmal in Brutkästen mit breitem Einflugschlitz ein, die vor allem für Halbhöhlenbrüter gedacht sind.

▶ *Erwachsenes Männchen*

WISSENSCHAFTLICHER NAME:
Phoenicurus ochruros

FAMILIE: Muscicapidae

VERBREITUNGSGEBIET:
West-, Mittel- und Südeuropa,
Nordwestafrika, Kleinasien über
Vorderasien bis Ostasien

LEBENSRAUM: offene Habitate
in Felsregionen, Steinbrüchen,
Kiesgruben, Dörfern, Städten

LÄNGE: 14 cm

HAUPTNAHRUNG: Insekten und
deren Larven, Spinnen, gelegentlich Beeren und Obst

**ANZAHL DER BRUTEN
PRO JAHR:** 2

**ANZAHL DER EIER
PRO GELEGE:** 4–6

▶ *Erwachsenes Weibchen*

oder ähnliches Material eingefüllt
wurde. Durch die im Kompostbehälter
herrschenden hohen Temperaturen
entwickeln sich nämlich aus den zahlreichen Eiern, die dem Rasenschnitt
anhaften, schnell Insekten. Letztere
sind danach bestrebt, durch eine der
kleinen Öffnungen nach draußen zu
gelangen, wo bereits die Rot-
schwänzchen warten.

Bei den Vertretern der
mitteleuropäischen
Hausschwanzpopu-
lationen handelt
es sich um
Kurzstre-
cken-
zie her,
die den Winter im Mittelmeerraum
verbringen. Sobald die Männchen
im Frühjahr von dort zurückkehren,
besetzen sie Reviere, in denen keine
Nebenbuhler geduldet werden. Dringt
doch ein anderes Männchen in ein
besetztes Revier vor, wird es nach kur-
zen Drohgebärden energisch attackiert.
Dagegen ignorieren die Revierbesitzer
artfremde Vögel fast immer. Dieses
„ignorierende" Verhalten zeigen sie
auch zumeist bei Anwesenheit
des Gartenrotschwanzes, der
ihr engster Verwandter ist.

GARTENROTSCHWANZ

Der Gartenrotschwanz, für den auch die umgangssprachliche Bezeichnung Gartenrotschwänzchen sehr geläufig ist, überwintert vor allem im tropischen Afrika. Sobald die Männchen von dort zurückkehren, sind sie bestrebt, erneut ihre

WISSENSCHAFTLICHER NAME:
Phoenicurus phoenicurus

FAMILIE: Muscicapidae

VERBREITUNGSGEBIET:
fast ganz Europa bis Vorderasien und zum Baikalsee, punktuell auch in Nordwestafrika

LEBENSRAUM: lichte Laubwälder sowie Parks, Streuobstwiesen und Gärten mit alten Baumbeständen

LÄNGE: 14 cm

HAUPTNAHRUNG: Insekten und deren Larven, Spinnen, gelegentlich Beeren

ANZAHL DER BRUTEN PRO JAHR: 1, seltener 2

ANZAHL DER EIER PRO GELEGE: 6–7

▲ *Männchen mit erbeutetem Fluginsekt*

▲ *Das Weibchen bringt seine Beute zum Nest.*

Reviere aus dem Vorjahr zu besetzen. Die Mindestgröße eines solchen Reviers beträgt in Abhängigkeit von dem vorhandenen Nahrungsangebot zwischen 10 000 und 15 000 Quadratmeter, was in etwa einer Fläche von zwei bis drei Fußballfeldern entspricht.

Das klingt im ersten Moment sehr groß, aber in diesem Zusammenhang muss man bedenken, dass sich auf dieser Fläche oft noch zahlreiche andere Vogelarten und sonstige Tiere aufhalten, die mit den Gartenrotschwänzen um die Nahrung konkurrieren.

Nachdem das Männchen ein Revier besetzt und mit seinem Gesang und Balzverhalten ein Weibchen angelockt hat, zeigt es diesem potenzielle Nistmöglichkeiten. Die Entscheidung, welche dieser Nistmöglichkeiten die künftige Kinderstube sein wird, trifft allein das Weibchen.

SCHWARZKEHLCHEN

Im Unterschied zu den west- und südeuropäischen Schwarzkehlchen überwintern die mitteleuropäischen Exemplare im Mittelmeergebiet. Von dort kehren sie Anfang April zurück. Nachdem sich ein Paar gefunden hat, wählt das Weibchen einen Nistplatz aus, der bevorzugt am Boden liegt. Bei zu feuchtem Untergrund erfolgt der Nestbau alternativ in einem Strauch.

▶ *Dieses Männchen verteidigt aggressiv sein Revier.*

WISSENSCHAFTLICHER NAME:
Saxicola rubicola

FAMILIE: Muscicapidae

VERBREITUNGSGEBIET:
Nordwestafrika über Süd- und Westeuropa bis Mitteleuropa; in Skandinavien als häufiger Irrgast

LEBENSRAUM: offene, mit wenigen Sträuchern bestandene, weitgehend unkultivierte Flächen in Hochmooren und Heiden

LÄNGE: 12,5 cm

HAUPTNAHRUNG: Insekten, Spinnen, Würmer

ANZAHL DER BRUTEN PRO JAHR: 2

ANZAHL DER EIER PRO GELEGE: 5–6

SCHÜTZEN
Landwirtschaftlich genutzte Flächen, auf denen Schwarzkehlchen brüten, sollten zwischen April und Mitte Juli möglichst nicht gemäht oder von Tieren beweidet werden.

HECKENBRAUNELLE

SCHÜTZEN
Die Brutzeit der Heckenbraunelle erstreckt sich von April bis Ende Juni. Um diese Vögel nicht in ihrem Brutgeschäft zu stören, sollten Heckenschnitte daher möglichst nach dem 20. Juli erfolgen.

Die Heckenbraunelle wird nicht selten mit einem Haussperlingsweibchen verwechselt, das jedoch keine kräftige Graufärbung am Kopf aufweist. Durch ihr größtenteils gesprenkeltes Gefieder sind die Heckenbraunellen sehr gut im Unterholz getarnt. Trotzdem werden ihre Gelege oder die Nestlinge leicht Opfer von Nesträubern, weil sich die Nester zumeist nur 50 Zentimeter über dem Erdboden befinden.

WISSENSCHAFTLICHER NAME:
Prunella modularis

FAMILIE: Prunellidae

VERBREITUNGSGEBIET:
nahezu ganz Europa und Kleinasien

LEBENSRAUM: Wälder, Parks und Gärten mit reichlich Unterholz

LÄNGE: 14–15 cm

HAUPTNAHRUNG: Insekten (mit Vorliebe Blattläuse) und deren Larven, Spinnen, Sämereien

ANZAHL DER BRUTEN PRO JAHR: 2

ANZAHL DER EIER PRO GELEGE: 4–5

BACHSTELZE

In Europa existieren zwei Unterarten, die auch als Weiße Bachstelze und als Trauerbachstelze bezeichnet werden. Im Unterschied zur Weißen Bachstelze ist bei der in Großbritannien vorkommenden Trauerbachstelze mit Ausnahme der weißen Stirn die gesamte Oberseite des Kopfes und Rückens völlig schwarz.

Beide Unterarten gehören zu den Kurzstreckenziehern, von denen die meisten im Frühherbst vor allem in die Länder rund um das Mittelmeer fliegen, um dort zu überwintern.

Wie alle Stelzen bewegt sich auch die Bachstelze fast immer mit einem tippelnden oder schreitenden Gang am Boden

▶ *Der typische Stelzengang, von dem sich der Name dieser Vogelgattung ableitet.*

SCHÜTZEN

Bachstelzen sind Halbhöhlenbrüter, die ihr Nest ab und an auch zwischen Kaminholzscheiten errichten, die unter einem Vordach aufgestapelt wurden. Um die Bachstelzen nicht versehentlich bei ihrem Nestbau beziehungsweise Brutgeschehen zu stören, sollte man daher zwischen Mitte April und Ende Juli keine Scheite aus diesen Stapeln entnehmen.

WISSENSCHAFTLICHER NAME:
Motacilla alba

FAMILIE: Motacillidae

VERBREITUNGSGEBIET:
ganz Europa, große Teile Asiens, Nordwestafrika

LEBENSRAUM: stillgelegte Kiesgruben, rasenreiche Gärten, Parks, Weiden und Wiesen mit vorzugsweise kleineren Gewässern

LÄNGE: 18 cm

HAUPTNAHRUNG: kleine Insekten wie Mücken, Fliegen, Ameisen, Käfer und Kleinstschmetterlinge

ANZAHL DER BRUTEN PRO JAHR: 2

ANZAHL DER EIER PRO GELEGE: 5–6

fort. Dieses Gehen wird von rhythmischen Kopf- und leicht wippenden Schwanzbewegungen begleitet. Beim Aufpicken von kleinen Beutetieren verstärken sich die wippenden Schwanzbewegungen. Interessant ist auch die Flugtechnik der Bachstelzen, die sich als energie- und kraftsparend erwiesen hat. So lassen sich die Bachstelzen nach mehreren schnellen Flügelschlägen fallen. Anschließend flattern sie ein Stück, um wieder Höhe zu gewinnen, um sich danach erneut fallen zu lassen.

GEBIRGSSTELZE

Die Nahrungssuche der auch als Berg-
stelze bezeichneten Stelzenart erfolgt
oft im Flachwasserbereich, in dem
sich diese Vögel watend fortbewegen.
Gelegentlich findet der Beutefang aber
auch im Flug statt. Das Gros der europäischen Gebirgsstelzen bleibt ganzjährig im Brutgebiet, während die restlichen in Südeuropa oder Nordafrika
überwintern.

SCHÜTZEN
Gebirgsstelzen brü-
ten bevorzugt in der Nähe
von Gewässern, wo sie oft die
Nachnutzer von verlassenen Was-
seramselnestern sind. Außerdem
nehmen sie gern Nistkästen für
Halbhöhlenbrüter an, die sich
in der Nähe von Gewäs-
sern befinden.

WISSENSCHAFTLICHER NAME:
Motacilla cinerea

FAMILIE: Motacillidae

VERBREITUNGSGEBIET:
Europa außer Skandinavien
und Osteuropa, Nordwestafrika,
Kleinasien, Sibirien bis Japan

LEBENSRAUM: in der Nähe
naturbelassener Fließgewässer,
in jüngerer Zeit auch in Siedlungen

LÄNGE: 18–20 cm

HAUPTNAHRUNG: Insekten und
deren Larven, Krebstiere, kleine
Weichtiere

**ANZAHL DER BRUTEN
PRO JAHR:** 2

**ANZAHL DER EIER
PRO GELEGE:** 5–6

SCHAFSTELZE

In Europa existieren mehrere Unterarten der Schafstelze, die sich vor allem in einigen Nuancen der Gefiederfärbung unterscheiden. Der Name der Schafstelze leitet sich vom Verhalten dieser sehr agilen Vögel ab, die auf Weiden gern Schafen, Ziegen und

SCHÜTZEN

Obwohl auch spätere Bruten möglich sind, konzentriert sich die Hauptbrutzeit auf Mitte Mai bis Ende Juni. Während dieser Zeit sollten möglichst keine Pflege- und Mäharbeiten auf Wiesen durchgeführt werden. Stellt man fest, dass Schafstelzen ihr Nest auf einer Weide gebaut haben, umgrenzt man das Areal rings um das Nest großflächig (mindestens 5 x 5 m) mit einem mobilen Weidezaun, bevor landwirtschaftliche Nutztiere auf diese Fläche gelassen werden.

WISSENSCHAFTLICHER NAME:
Motacilla flava

FAMILIE: Motacillidae

VERBREITUNGSGEBIET:
fast ganz Europa über Kleinasien bis Westsibirien; Nordwestafrika und Niltal

LEBENSRAUM: Wiesen, Weiden, Brachland mit niedriger Vegetation, flache Uferbereiche

LÄNGE: 16,5 cm

HAUPTNAHRUNG: Insekten und deren Larven, Würmer, Spinnen

ANZAHL DER BRUTEN PRO JAHR: 1, zumeist 2

ANZAHL DER EIER PRO GELEGE: 5–6

Rindern nachlaufen. Dies hat einen guten Grund, denn die Wiederkäuer scheuchen zahlreiche kleine Insekten auf, die dann zur leichten Beute der Stelzen werden.

Im Unterschied zur Bach- sowie zur Gebirgsstelze ist die Schafstelze kein Halbhöhlen-, sondern ein Bodenbrüter. Ihr Nest liegt – meist gut durch Grasbüschel getarnt – in einer kleinen Bodenmulde.

Zur Brutzeit besetzen die Schafstelzenpaare eigene Reviere. Während der übrigen Zeit sieht man die Vögel oft in kleinen Trupps umherspazieren. Beginnt es zu dämmern, vereinen sie sich in Schwärmen, um gemeinsam mit den Artgenossen Schlafgemeinschaften zu bilden. Schafstelzen sind Langstreckenzieher, die im Herbst ins tropische Asien und nach Afrika fliegen, um dort zu überwintern.

▼ *Schafstelzen errichten ihr Nest am Boden.*

WIESENPIEPER

WISSENSCHAFTLICHER NAME:
Anthus pratensis

FAMILIE: Motacillidae

VERBREITUNGSGEBIET:
mittlere und nördliche Regionen
Europas und Westsibiriens

LEBENSRAUM: Ödland, nasse
bis moorähnliche Wiesen,
Dünen

LÄNGE: 14,5 cm

HAUPTNAHRUNG: Insekten und
deren Larven, Spinnen, Sämereien, Schnecken

**ANZAHL DER BRUTEN
PRO JAHR:** 2

**ANZAHL DER EIER
PRO GELEGE:** 3 bis zumeist 5

SCHÜTZEN
In Brutgebieten des
Wiesenpiepers sollte eine
Nutzung feuchter Weiden erst
nach dem 15. Juni erfolgen,
damit keine Störungen
durch die Weidetiere
erfolgen.

Der sehr agile Wiesenpieper ist ein
Bodenbrüter. Als Kurzstreckenzieher verbringt er den Winter
in Westeuropa sowie in den
Mittelmeeranrainerstaaten. Aufgrund
seines grazil wirkenden Schnabels
lässt er sich gut von einem Haussperlingsweibchen unterscheiden. Dagegen
sind Verwechslungen mit dem Baumpie-
per *(Anthus trivialis)* sehr häufig. Beide
Arten lassen sich am besten anhand ihrer
Gesangsunterschiede identifizieren.

SCHNEEFINK

Der oft als Schneesperling bezeichnete Schneefink tritt häufig in zwischen den Felsen oder am Boden herumhüpfenden Gemeinschaften auf. Durch die Färbung seines Gefieders, das oftmals mit der Umgebung „verschmilzt", ist er in seinen Lebensräumen bestens getarnt. Bei Gefahr versucht er sich – begleitet von kräftigem Schwanzzucken – in Felsspalten in Sicherheit zu bringen. Gleichzeitig alarmiert er seine Artgenossen durch laute Warnrufe.

▼ *Schneefinken sind in Gebirgen zu Hause.*

WISSENSCHAFTLICHER NAME:
Montifringilla nivalis

FAMILIE: *Passeridae*

VERBREITUNGSGEBIET:
europäische und vorderasiatische Gebirgsregionen, Kaukasus, Himalaja

LEBENSRAUM: felsige, mit Geröll bedeckte Hänge im Hochgebirge oberhalb der Baumgrenze

LÄNGE: 18 cm

HAUPTNAHRUNG: Insekten, Sämereien

ANZAHL DER BRUTEN PRO JAHR: 2

ANZAHL DER EIER PRO GELEGE: 4–5

SCHÜTZEN
Schneefinken brüten gern in Felsspalten oder verlassenen Tierbauten. Um das Brutgeschehen nicht zu stören, sollte man daher auf Gebirgstouren nie mit Stöcken hineinstochern.

HAUSSPERLING

Die schnell durch ihr Tschilpen auffallenden Haussperlinge werden vielerorts auch als Spatzen oder Hausspatzen bezeichnet. In vorgeschichtlicher Zeit besiedelte der Haussperling sehr wahrscheinlich steppenähnliche Biotope. In den letzten Jahrhunderten hat er sich jedoch mehr und mehr zu einem Kulturfolger entwickelt, der durch die aufblühende Landwirtschaft an vielen

▼ *Bäder stehen hoch im Kurs.*

WISSENSCHAFTLICHER NAME:
Passer domesticus

FAMILIE: Passeridae

VERBREITUNGSGEBIET:
nahezu ganz Europa, große
Teile Asiens und Nordafrikas;
eingeführt in Amerika, Afrika,
Ostaustralien und Neuseeland

LEBENSRAUM: Siedlungen,
Parks, Gärten

LÄNGE: 14 cm

HAUPTNAHRUNG: Insekten
(insbesondere die Nestlinge
erhalten viele Blattläuse),
Sämereien

**ANZAHL DER BRUTEN
PRO JAHR:** 2–3

**ANZAHL DER EIER
PRO GELEGE:** 4–6

Orten einen mit Körner-
futter „reich gedeckten
Tisch" vorfand. Seit
etwa einem halben Jahr-
hundert zeigen die Haussperlingsbestände
allerdings fast überall
eine mehr oder weni-
ger stark rückläu-
fige Tendenz.

Haussperlinge mögen die Nähe von Artgenossen und bilden mit diesen häufig größere Schwärme. Viele Haussperlingspaare
legen außerdem ihre Nester benachbart
auf recht engem Raum an, wobei sie dann
nur das Nest selbst und ein paar Zentimeter rings herum als „Revier" ansehen. In
diesem Territorium wird
allerdings kein Art-
genosse geduldet.

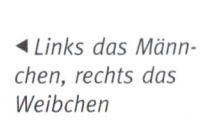

◀ *Links das Männ-
chen, rechts das
Weibchen*

GEMEINSCHAFTSNISTKASTEN
für Sperlinge

NISTKÄSTEN MIT NACHBARSCHAFT
Da Sperlinge gesellige Vögel sind, bietet sich ein spezieller Gemeinschaftsnistkasten an. Man brütet gemeinsam, aber die Privatsphäre bleibt gewahrt.

> Alle Bretter wurden vorgebohrt, damit das Holz nicht platzt.

> Im ersten Arbeitsschritt werden – wie rechts bereits zu sehen – die Zwischen- und Seitenwände mit der Rückwand verschraubt.

MATERIALLISTE
Als Baumaterial benötigt man neben dem geeigneten Werkzeug und Schrauben lediglich:

> 1 Rückwand von 67,5 × 15 cm

> 2 Seiten- und 3 Zwischenwände von je 15 × 15 cm

> 1 Boden und 1 Dach von 67,5 × 18 cm

> 1 Front mit Einfluglöchern von 67,5 × 15 cm. Der Durchmesser der Einfluglöcher sollte 32–35 mm betragen.

> Im zweiten Arbeitsschritt werden das Dach und der Boden aufgeschraubt.

> Nun noch die Frontplatte aufschrauben. Anschließend an einem geeigneten Ort aufhängen.

WEIDENSPERLING

Weidensperlinge sind sehr gesellig lebende Vögel, die wie viele Sperlingsarten kolonieweise brüten. Zu diesem Zweck quartieren sich mehrere Sperlingspaare auch gern als Untermieter in Storchennestern ein. In einigen Regionen richtet diese Art oftmals große Schäden auf Getreide- und Reisfeldern an.

BEOBACHTEN
Als Mitteleuropäer wird man diesen Vogel zumeist nur auf eine Urlaubsreise in den Süden oder Südosten zu Gesicht bekommen. Anhand seines spatzenartigen Aussehens und dem gesprenkelten Brustgefieder lässt er sich leicht identifizieren.

WISSENSCHAFTLICHER NAME:
Passer hispaniolensis

FAMILIE: *Passeridae*

VERBREITUNGSGEBIET:
Nordafrika, Kanarische Inseln, Madeira, Spanien, Korsika, Balkan, Kleinasien, Vorder- bis Zentralasien

LEBENSRAUM: offenes Gelände mit vielen, möglichst dornigen Hecken; am liebsten in Wassernähe

LÄNGE: 14,5–16 cm

HAUPTNAHRUNG: Sämereien, Insekten und deren Larven, Würmer, Früchte, Knospen

ANZAHL DER BRUTEN PRO JAHR: 1–2

ANZAHL DER EIER PRO GELEGE: 5–6

FELDSPERLING

WISSENSCHAFTLICHER NAME:
Passer montanus

FAMILIE: *Passeridae*

VERBREITUNGSGEBIET:
ganz Europa mit Ausnahme einiger Teile Skandinaviens, große Teile Asiens; in Südostaustralien eingeführt

LEBENSRAUM: offene, baumbestandene Landschaften, Obstplantagen, Streuobstwiesen, Parks, Waldränder, Dörfer, selten in Städten

LÄNGE: 14 cm

HAUPTNAHRUNG: Sämereien, Insekten, Obst, Knospen

ANZAHL DER BRUTEN PRO JAHR: 2–3

ANZAHL DER EIER PRO GELEGE: 3–6

Der Feldsperling ist scheuer und vorsichtiger als der Haussperling. In Europa siedelt er sich nur selten in größeren Städten an.

Anders in Ostasien, wo der Haussperling fehlt: Dort haben die Feldsperlinge dessen ökologische Nische gefüllt und tummeln sich als echte Kulturfolger auch in den Zentren großer Städte.

Während der Brutzeit betreiben manche Feldsperlingsmännchen

Polygamie, indem sie gleichzeitig zwei Weibchen betreuen und mit diesen Nachwuchs aufziehen. Trotz etwa gleicher Größe wirkt der Feldsperling nicht ganz so massig wie der Haussperling. Ähnlich wie sein enger Verwandter nimmt auch der Feldsperling gern Staub- und Wasserbäder. Eine weitere Gemeinsamkeit besteht darin, dass auch er die Gesellschaft von Artgenossen vorzieht und häufig in großen Trupps in der Gegend umherstreift.

Im Winter fliegen viele Feldsperlinge als Teilzieher aus den nördlichen und östlichen Regionen nach Mittel- und Westeuropa, sodass es dann in manchen Gebieten zu regelrechten Invasionen kommt. In den meisten anderen Regionen bleiben die Feldsperlinge jedoch ganzjährig in ihren Brutrevieren, wo sie sich im Winter häufig an Futterstationen einfinden.

FELDSPERLINGEN FEHLT NIE DER WANGENFLECK

Haus- und Feldsperlinge werden häufig miteinander verwechselt. Als Hilfe für eine sichere Bestimmung kann man sich oben genannte Eselsbrücke merken. Denn im Unterschied zum Haussperling weisen beide Geschlechter des Feldsperlings an jeder Kopfseite einen schwärzlichen, mehr oder weniger ovalen Wangenfleck auf.

BIRKENZEISIG

Früher wurde der Birkenzeisig oft als Leinfink bezeichnet, weil dieser Vogel bevorzugt kleine Samen frisst, die in ihrer Größe an die Körner des Saat-Leins (*Linum usitatissimum*) erinnern. In Mittel- und Südeuropa ist der Birkenzeisig nur als Herbst- und Wintergast präsent. Auf seinen Flügen in die Winterquartiere bildet er oft gemeinsame Schwärme mit Erlenzeisigen.

SCHÜTZEN
Ihren Vorlieben entsprechend sollte man Birkenzeisigen im Futterhäuschen kleinkörnige Sämereien anbieten, die unter anderem auch Leinsamen enthalten.

WISSENSCHAFTLICHER NAME:
Acanthis flammea

FAMILIE: Fringillidae

VERBREITUNGSGEBIET:
Island, Großbritannien, Skandinavien, Mitteleuropa, Alpen, Nordsibirien, Alaska, Nordkanada

LEBENSRAUM: Lärchen-, Misch- und Laubwälder, Strauchtundren

LÄNGE: 13–14 cm

HAUPTNAHRUNG: Sämereien (vor allem von Birke und Erle), Knospen, Insekten und deren Larven

ANZAHL DER BRUTEN PRO JAHR: 1

ANZAHL DER EIER PRO GELEGE: 5–6

STIEGLITZ

WISSENSCHAFTLICHER NAME:
Carduelis carduelis

FAMILIE: Fringillidae

VERBREITUNGSGEBIET:
Westeuropa und Nordafrika bis
Mittelsibirien und Vorderasien

LEBENSRAUM: offene, baumbestandene Landschaften, Parks,
Obstgärten, Streuobstwiesen,
lichte Wälder, Gärten, Weinberge

LÄNGE: 12 cm

HAUPTNAHRUNG: Sämereien
(vor allem von Disteln, Ampfer,
Beifuß, Birke und Kiefer), kleine
Insekten

**ANZAHL DER BRUTEN
PRO JAHR:** 2

**ANZAHL DER EIER
PRO GELEGE:** 5–6

Der äußerst farbenprächtige Stieglitz
wird auch als Distelfink bezeichnet.
Früher fungierte er häufig als Symbol für Ausdauer und Beharrlichkeit.
Wegen seiner Vorliebe für die Samen
der Distel steht er noch heute als
christliches Symbol für den Opfertod
Jesu Christi. Außerdem ist der Stieglitz
Bestandteil einiger Wappen, beispielsweise von Stegelitz im Landkreis Jeri-
chower Land in Sachsen-Anhalt sowie
in Stehelčeves in Zentralböhmen in
der Tschechischen Republik.

▼ *Ortswappen von Stege-
litz in Sachsen-Anhalt*

▲ *Im Wappen von
Stehelčeves in Zentral-
böhmen ist ein fliegender
Stieglitz dargestellt.*

GEFIEDER DER JUNGVÖGEL

Die gerade flügge gewordenen Stieglitze ähneln in ihrer Gefiederfärbung noch recht stark jungen Grünfinken und Zeisigen. Sie lassen sich aber sicher anhand ihres schwarzen Schwanzes und den Flügel identifizieren, die bereits genauso wie bei den Altvögeln gefärbt sind.

SCHÜTZEN

Um die Lebensräume des Stieglitzes zu erhalten, zu denen auch Brachflächen gehören, wurden in mehreren Ländern der EU Förderprogramme aufgelegt. Diese bieten Landwirten finanzielle Anreize, wenn sie Flächen für einige Zeit als Brachen stilllegen. Ähnliche Ziele werden mit Förderprogrammen verfolgt, die auf die Anlage von Blühstreifen mit Blumen und Wildkräutern an Ackerrändern ausgerichtet sind.

Stieglitze haben kaum Territorialansprüche. Im Gegenteil, dieser gesellige Vogel brütet gern in der Nähe von Artgenossen, wobei die Brutpaare lediglich die unmittelbare Umgebung des Nestes als Revier ansehen. Darüber hinaus begeben sich Distelfinken auch gern gemeinsam mit ihren Artgenossen auf Nahrungssuche.

ZITRONENZEISIG

WISSENSCHAFTLICHER NAME:
Carduelis citrinella

FAMILIE: Fringillidae

VERBREITUNGSGEBIET:
punktuell in Spanien und Süd-
frankreich, Vogesen, Schwarz-
wald, Alpengebiet

LEBENSRAUM: lichte Gebirgs-
wälder

LÄNGE: 12 cm

HAUPTNAHRUNG: Sämereien
(Gräser, Nadelbäume), Knospen,
Insekten

**ANZAHL DER BRUTEN
PRO JAHR:** 2

**ANZAHL DER EIER
PRO GELEGE:** 4–5

Ein weiterer, sehr gebräuchlicher
Name für diesen Vogel lautet Zitro-
nengirlitz. Der Zitronenzeisig brütet
gern mit Artgenossen in kleinen
Kolonien. Als Brutplätze bevorzugt er südexponierte Hänge,
die nicht übermäßig steil und
mit locker stehenden Nadelbäumen bewachsen sind.

SCHÜTZEN
In zahlreichen Lebensräu-
men des Zitronenzeisigs verän-
derte sich durch die Zunahme des
Tourismus und Wintersports die Vegetation. Oftmals waren davon auch Gras-
arten betroffen, deren Samen zu seiner
Hauptnahrung gehören. Deshalb muss
verstärkt darauf geachtet werden, die
pflanzliche Artenzusammenset-
zung in diesen Biotopen zu
erhalten.

GRÜNFINK

WISSENSCHAFTLICHER NAME:
Chloris chloris

FAMILIE: Fringillidae

VERBREITUNGSGEBIET:
fast ganz Europa, Nordwestafrika, Klein- und Zentralasien

LEBENSRAUM: offene Landschaften mit Baumgruppen und
Hecken, Heidegebiete, Waldränder, lichte Parks, Gärten und
Friedhöfe

LÄNGE: 15 cm

HAUPTNAHRUNG: Sämereien,
Knospen, Beeren, Früchte,
Insekten

**ANZAHL DER BRUTEN
PRO JAHR:** 2

**ANZAHL DER EIER
PRO GELEGE:** 4–6

Bei dem auch oft als Grünling bezeichneten Grünfinken handelt es sich um einen echten Kulturfolger. Als Heckenbrüter platziert er sein Nest häufig in Efeu oder anderen dicht beblätterten Kletterpflanzen, die die Hausfassaden emporranken.

Die männlichen Exemplare gelten als wahre Meistersänger. Vernimmt man im Frühjahr den Gesang eines solchen Männchens und sieht den Vogel dabei nicht, könnte man glauben, dass es sich teilweise um die Arie eines Kanarienvogels handelt.

Wer über Jahre hinweg die Grünfinkenpopulationen beobachtet, hat vielleicht festgestellt, dass es im Jahr 2009 einen erheblichen Einbruch bei den Beständen gab. Ursache dafür war die tödlich verlaufende Krankheit Trichomonadose.

BEOBACHTEN
Bei der im Frühjahr stattfindenden Balz übergibt das Männchen dem Weibchen immer wieder kleine Brautgeschenke. Oftmals handelt es sich dabei um einige Samenkörner oder auch um Federn, die zur Auspolsterung des Nestes dienen sollen.

Erfreulicherweise regenerierten sich aber die Bestände der Grünfinken in den letzten Jahren sehr stark, sodass sie in etwa wieder auf das Niveau vor dem Ausbruch jener Krankheit angewachsen sind.

Grünfinken mögen die Nähe von Artgenossen. Deshalb formieren sie sich im Winterhalbjahr häufig zu relativ großen Schwärmen, in die nicht selten weitere Vogelarten integriert sind. Am Futterhäuschen verhalten sie sich hingegen sehr dominant und versuchen andere Vögel zu vertreiben. Als besondere Leckerbissen werden im Winter die als Hagebutten bezeichneten Früchte der Hundsrose *(Rosa canina)* gefressen.

KERNBEISSER

Anhand seines kräftigen, überdimensional groß wirkenden Schnabels, mit dem sogar Kirschkerne zerbrochen werden, lässt sich der Kernbeißer problemlos erkennen. Dieser mächtige Schnabel und die Größe des Kernbeißers dürften die Gründe

WISSENSCHAFTLICHER NAME:
Coccothraustes coccothraustes

FAMILIE: Fringillidae

VERBREITUNGSGEBIET:
fast ganz Europa mit Ausnahme des Nordens, Nordwestafrika, Kleinasien, Südsibirien bis Japan

LEBENSRAUM: lichte Wälder, Parks, Gärten, Streuobstwiesen

LÄNGE: 17 cm

HAUPTNAHRUNG: Samen, Früchte, Knospen, Insekten und deren Larven

ANZAHL DER BRUTEN PRO JAHR: 1

ANZAHL DER EIER PRO GELEGE: 4–6

▶ *Kernbeißer besitzen einen sehr kräftigen Schnabel.*

BEOBACHTEN

Kernbeißer bekommt man im Sommer zumeist nur selten zu Gesicht. Das liegt einerseits daran, dass dieser Vogel relativ scheu ist und sich andererseits bevorzugt im Kronenbereich hoher Bäume aufhält. Im Winter hat man oft mehr Glück, wenn die Kernbeißer Futterstationen aufsuchen – und dort erweisen sie sich häufig nicht als „Kinder von Traurigkeit". Im Gegenteil, sie versuchen andere Vögel vom Futter abzudrängen. Mitunter gewinnt man sogar den Eindruck, dass die Kernbeißer an den dabei entstehenden Rangeleien und Raufereien regelrecht Spaß haben.

gewesen sein, weshalb dieser Vogel in früheren Zeiten auch als Finkenkönig bezeichnet wurde. Im Unterschied zu vielen anderen Vogelarten, bei denen die frisch geschlüpften Nestlinge sofort mit kleinen Insekten und Spinnen gefüttert werden, erhalten junge Kernbeißer ihre Erstnahrung in angedauter Form zumeist aus dem Kropf der Mutter.

Den Winter verbringen die Kernbeißer vorwiegend in ihren Brutgebieten. Sie schließen sich dann häufig zu kleinen Trupps zusammen. Als Schlafplätze werden oft Nadelbäume ausgewählt, weil diese sowohl bei Schneefällen als auch vor Zugriffen durch Raubfeinde etwas mehr Schutz bieten.

BUCHFINK

Der Buchfink ist ein Kulturfolger, der gleichzeitig zu den häufigsten Singvögeln Mitteleuropas gehört. Im Unterschied zu den Buchfinken Skandinaviens, Osteuropas und Sibiriens, die im Herbst in südlichere Gefilde ziehen, verzichten die mitteleuropäischen Exemplare fast immer auf derartige „Reisen". Im Winter formieren sich die Buchfinken häufig zu sogenannten „Finkengemeinschaften", denen oft auch andere Finkenarten und Ammern angehören. Auf der Suche nach Fressbarem durchstreifen die Vögel dann die Gegend, wobei sie sich auch des Öfteren an Futterhäuschen einfinden.

Sobald jedoch der Frühling Einzug hält, zerfallen diese „Finkengemeinschaften" sehr schnell. Jedes Buchfinkenmänn-

chen besetzt dann ein Revier, in dem es seinen Balzgesang ertönen lässt. Dabei beweisen die Männchen ein enormes Durchhaltevermögen, denn oftmals singen sie bis zweitausendmal pro Tag.

BEOBACHTEN
Buchfinken brüten oftmals in der Nähe von Amseln oder Singdrosseln. Als Grund dafür wird vermutet, dass sich die brütenden Buchfinkenweibchen in der Nähe dieser Vögel sicherer fühlen.

WISSENSCHAFTLICHER NAME:
Fringilla coelebs

FAMILIE: Fringillidae

VERBREITUNGSGEBIET:
fast ganz Europa und Kleinasien bis Westsibirien, Nordwestafrika

LEBENSRAUM: Wälder, Parkanlagen, Feldgehölze, dichte Alleen, Friedhöfe, Gärten, Dörfer und Städte

LÄNGE: 15 cm

HAUPTNAHRUNG: Sämereien, Beeren, Insekten und deren Larven

ANZAHL DER BRUTEN PRO JAHR: 2

ANZAHL DER EIER PRO GELEGE: 4–6

VÖGEL UNTER TAGE

In früheren Zeiten nahmen Bergleute oft in kleine Käfige gesetzte Finken (darunter auch sehr viele Buchfinken) und Zeisige mit in die Untertagestollen. Die Käfige wurden auf dem Boden der Stollen abgestellt, wo die Vögel als Anzeiger von Grubengas dienten, das manchmal in die Schächte sickerte. Diese Gase sind schwerer als Luft und haben eine erstickende Wirkung. Fielen die Vögel in ihren Käfigen um, war das ein Signal für die Bergleute, den Stollen sofort zu verlassen.

▲ *Ein Buchfinkenmännchen an einer Vogeltränke*

▼ *Weibchen am Nest*

BERGFINK

SCHÜTZEN

Bergfinken fressen mit besonderer Vorliebe Bucheckern. In der Natur fliegen sie oft mit halb offenen Flügeln in den Schnee, um auf diese Weise Bucheckern freizulegen. Als „Buchecker-Ersatz" kann man ihnen im Futterhäuschen neben den ebenfalls gern akzeptierten Sonnenblumenkernen die Kerne von Haselnüssen oder auch das Fruchtfleisch einer Kokosnuss anbieten.

Innerhalb der Finken bildet der auch als Nordfink bezeichnete Bergfink gemeinsam mit dem Buchfink *(Fringilla coelebs)* die Gruppe der Edelfinken. Im Herbst ziehen Bergfinken in großen Schwärmen zur Überwinterung nach Mittel- und Südeuropa, wo sie sich häufig in Wäldern mit großen Buchenbeständen aufhalten.

WISSENSCHAFTLICHER NAME:
Fringilla montifringilla

FAMILIE: Fringillidae

VERBREITUNGSGEBIET:
Skandinavien über die russische Tundra und Sibirien bis Kamtschatka

LEBENSRAUM: lichte Nadel- und Mischwälder

LÄNGE: 15 cm

HAUPTNAHRUNG: Sämereien, Beeren, Insekten, Würmer, Spinnen

ANZAHL DER BRUTEN PRO JAHR: 1

ANZAHL DER EIER PRO GELEGE: 5–7

BLUTHÄNFLING

Bei dem auch nur als Hänfling oder Flachsfink bezeichneten Bluthänfling ist ein deutlicher Geschlechtsdichromatismus zu beobachten. Während das Männchen ein kräftig rotes Brust- und Scheitelgefieder besitzt, erinnert das Weibchen in seiner Erscheinung eher an ein Sperlingsweibchen. Im Unterschied zu diesem haben aber weibliche Bluthänflinge ein braunes Streifenmuster auf ihrem Brust- und Bauchgefieder. Aufgrund seines sehr anmutigen Gesangs erfreute sich der Bluthänfling bis weit ins 20 Jahrhundert hinein einer großen Beliebtheit als Volierenvogel.

Der Bluthänfling ist ein sehr friedlicher Vogel, der kein Revier besetzt und nur den unmittelbaren Nestbereich als „seinen Besitz" verteidigt. Bei einem reichlichen Nahrungsangebot brüten die Vögel ab und an in kleinen Kolonien. Außerhalb der Brutzeit bilden die Bluthänflinge oftmals große Schwärme, denen sich im Winter auch häufig andere Finkenvögel oder Ammern anschließen.

▶ *Leicht zu unterscheiden: das Männchen (unten) und das Weibchen (oben)*

WISSENSCHAFTLICHER NAME:
Linaria cannabina

FAMILIE: Fringillidae

VERBREITUNGSGEBIET:
große Teile Europas mit Ausnahme des Nordens, Nordafrika, Kleinasien, Westsibirien, Teile Mittelasiens

LEBENSRAUM: halb offenes Gelände, lichte Wälder, Weinberge, Parks, Friedhöfe, große Gärten

LÄNGE: 14 cm

HAUPTNAHRUNG: Sämereien (vor allem von Unkräutern), Insekten und deren Larven, Spinnen

ANZAHL DER BRUTEN PRO JAHR: 2

ANZAHL DER EIER PRO GELEGE: 5–6

◄ *Junge Bluthänflinge in ihrem Nest*

▼ *Das bunt gefärbte Männchen hält Ausschau nach seiner Partnerin.*

BEOBACHTEN

Der Begriff des „Turteltäubchens" trifft in großem Maße auch auf die Bluthänflinge zu, denn die Paare bekunden oft ihre Zuneigung. So begeben sich Bluthänflinge nicht nur häufig paarweise auf Nahrungssuche, sondern es finden auch mehrfach Aufforderungen zum Schnäbeln sowie zum Putzen des Gefieders statt. Als Putzaufforderung streckt ein Partner dem anderen seinen Nacken, Kopf oder die Kehle entgegen. Der zum Putzen Aufgeforderte zieht dann vorsichtig die Federn der betreffenden Körperbereiche durch seinen Schnabel.

FICHTENKREUZSCHNABEL

Umgangssprachlich wird der Fichtenkreuzschnabel auch als Christvogel, Gichtvogel, Krumbschnabel und Zigeunervogel bezeichnet. Das wohl Bemerkenswerteste an ihm ist nicht seine überkreuzte Schnabelform, sondern die Tatsache, dass er zwischen Januar und April – also im Winter – brütet. Gleichzeitig handelt es sich bei diesem Vogel, der sich gern zu kleinen Trupps vereint und während des gesamten Jahres singt, um einen hervorragenden Kletterer. Dabei nutzt er nicht nur die Füße, sondern auch den Schnabel zum Fixieren des Körpers, wodurch diese „Turnübungen" an die eines Papageis erinnern.

SCHÜTZEN

Durch die vielerorts stattfindenden Rodungen der Nadelbäume, deren Holz oft als minderwertiger angesehen wird, sind die natürlichen Lebensräume des Fichtenkreuzschnabels in Gefahr. Denn im Unterschied zu vielen anderen Vogelarten ist der Fichtenkreuzschnabel bezüglich der Nahrung wenig anpassungsfähig, da er auf die Samen von Koniferen angewiesen ist.

KIEFERNKREUZSCHNABEL

Der Doppelgänger des Fichtenkreuzschnabels ist der geringfügig größere und etwas kräftiger wirkende Kiefernkreuzschnabel *(Loxia pytyopsittacus)*. Dieser ist allerdings weitgehend nur in Skandinavien, im südöstlichen Baltikum sowie in Teilen Russlands zu Hause. Taucht ein Kiefernkreuzschnabel in Mitteleuropa auf, handelt es sich dabei fast immer um einen einzelnen Irrgast.

WISSENSCHAFTLICHER NAME:
Loxia curvirostra

FAMILIE: Fringillidae

VERBREITUNGSGEBIET:
große Teile Europas, Asiens, Nordafrikas sowie Nord- und Mittelamerikas

LEBENSRAUM: Fichtenwälder, Fichten-Kiefern-Wälder, Tannenwälder

LÄNGE: 16,5 cm

HAUPTNAHRUNG: Samen von Nadelbäumen (ergänzend Birkensamen) sowie Beeren, Spinnen, Insekten und deren Larven

ANZAHL DER BRUTEN PRO JAHR: 1

ANZAHL DER EIER PRO GELEGE: zumeist 4

GIMPEL

Das Wort „Gimpel" bedeutete einst mutwilliger Hüpfer. Damit war aber nicht die Fortbewegungsweise dieses Vogels gemeint, sondern dass er mit seiner plakativen Gefiederfärbung „aus der Reihe tanzt". Ähnlich wie beim Buchfink ist auch beim Gimpel ein ausgeprägter Geschlechtsdichromatismus vorhanden. Das Männchen wirkt mit seinem blaugrauen Rücken, dem leuchtend roten Brust-Kehl-Bereich und dem schwarzen Schei-

telgefieder wesentlich bunter als das Weibchen. Letzteres besitzt einen kräftig braungrauen Rücken sowie einen ebenso gefärbten Brust-Kehl-Bereich.

Aufgrund des roten Brust- und Bauch- sowie des schwarzen Scheitelgefieders des Männchens, das an den Talar und die Kappe eines Geistlichen erinnern, wird der Gimpel auch oft als Dompfaff bezeichnet. Eine weitere, jedoch seltenere Bezeichnung lautet

▲ *Rechts das farbenprächtigere Männchen, links ein Weibchen*

WISSENSCHAFTLICHER NAME:
Pyrrhula pyrrhula

FAMILIE: Fringillidae

VERBREITUNGSGEBIET:
große Teile Europas und Kleinasiens bis Japan und Kamtschatka

LEBENSRAUM: unterholzreiche
Nadel- und Mischwälder, au-
ßerdem Parks, Gärten und alte
Friedhöfe

LÄNGE: 17 cm

HAUPTNAHRUNG: Sämereien,
Knospen, Insekten, Spinnen,
kleine Schnecken

**ANZAHL DER BRUTEN
PRO JAHR:** 2

**ANZAHL DER EIER
PRO GELEGE:** 4–6

SCHÜTZEN
Bemerkt man, dass sich
Gimpel des Öfteren am winterlichen Futterhäuschen einfinden,
sollten nicht nur Sonnenblumenkerne, sondern zusätzlich ein breit ge-
fächertes Angebot an kleinkörnigen
Sämereien gefüttert werden. Denn
diese stehen bei den Gimpeln
besonders „hoch im
Kurs".

„Blutfink". In der älteren Malerei ist
der Gimpel zusammen mit anderen
Tieren auch ein häufiges Motiv bei
der Darstellung des Garten Edens.

Mitteleuropäische Gimpel bleiben
zumeist ganzjährig in ihrem Brutgebiet. Dagegen ziehen viele
nordeuropäischen
Vertreter im Herbst
bis Mittel- oder
sogar Süd-
europa.

GIRLITZ

WISSENSCHAFTLICHER NAME:
Serinus serinus

FAMILIE: Fringillidae

VERBREITUNGSGEBIET:
West-, Mittel- und Südeuropa,
Nordafrika, Kleinasien

LEBENSRAUM: offene Kulturlandschaften, Parks, Alleen,
Gärten

LÄNGE: 11,5 cm

HAUPTNAHRUNG: Knospen und
Samen, außerdem Insekten

**ANZAHL DER BRUTEN
PRO JAHR:** 2

**ANZAHL DER EIER
PRO GELEGE:** 4–5

Der Girlitz ist einer der nächsten Verwandten des Kanarienvogels *(Serinus canaria* forma
domestica). Früher konzen-
trierte sich der Lebensraum
des Girlitzes auf die Region
rund um das Mittelmeer.
Mit der zunehmenden
Klimaerwärmung erwei-
terte er jedoch seinen
Verbreitungsraum in nörd-
liche und östliche Gebiete.

BEOBACHTEN
Beim Girlitz haben einige
Verhaltensweisen eine doppelte
Bedeutung. So kann ein aufge-
sperrter Schnabel sowohl eine Droh-
gebärde als auch eine Möglichkeit
zur Abkühlung sein. Ähnlich können
auch abgespreizte Flügel eine
Drohung darstellen oder
nur der Abkühlung
dienen.

ERLENZEISIG

Erlenzeisige gehören zur Kategorie der Schönwettersänger. Nur wenn die Sonne scheint, erweisen sie sich als singfreudig. Bei trübem und regnerischem Wetter verhalten sie sich dagegen meist sehr still. Im Winterhalbjahr bilden Erlenzeisige oft kleine Trupps, die sich gemeinsam auf Futtersuche begeben. Gelegentlich kann man solche Trupps beobachten, wenn sie – auf der Suche nach Samen – geschickt an den Zweigen von Birken und Erlen herumturnen.

▲ *Das Weibchen*

SCHÜTZEN
Wenn Erlenzeisige das Futterhäuschen aufsuchen, kann man ihnen mit grob zerkleinerten Erd- und Haselnusskernen eine besondere Freude bereiten.

▼ *Das Männchen*

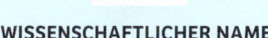

WISSENSCHAFTLICHER NAME:
Spinus spinus

FAMILIE: Fringillidae

VERBREITUNGSGEBIET:
fast ganz Europa (im Süden nur punktuell), West- und Ostsibirien

LEBENSRAUM: mit Erlen bestandene Bachufer in Nadelwäldern (mit hohem Fichtenanteil) und Parks

LÄNGE: 12 cm

HAUPTNAHRUNG: Samen von Fichten, Erlen und Birken sowie Insekten und deren Larven

ANZAHL DER BRUTEN PRO JAHR: 2

ANZAHL DER EIER PRO GELEGE: 4–5

GRAUAMMER

WISSENSCHAFTLICHER NAME:
Emberiza calandra

FAMILIE: Emberizidae

VERBREITUNGSGEBIET:
Kanarische Inseln und Nordafrika über West- und Mitteleuropa bis Kasachstan

LEBENSRAUM: offenes Gelände mit vereinzelten Bäumen und Sträuchern, Ackerfluren, Wiesen, Weiden, Gärten

LÄNGE: 18 cm

HAUPTNAHRUNG: Sämereien, Insekten, Spinnen

ANZAHL DER BRUTEN PRO JAHR: 1–2

ANZAHL DER EIER PRO GELEGE: 5–6

Die Grauammer wird – wie auch manche der anderen Ammerarten – gelegentlich mit einem Sperlingsweibchen verwechselt, wobei Letzteres keine Strichelung auf Brust- und Bauchgefieder besitzt. Im Herbst und Winter finden sich Grauammern zu kleinen Schwärmen zusammen, zu denen sich nicht selten noch weitere Ammerarten gesellen, und streifen auf der Suche nach Nahrung umher. Als Schlafplätze wählen sie dann oftmals die Schilfgürtel von Seen und größeren Flüssen.

SCHÜTZEN
Die Grauammer ist ein Bodenbrüter. Ihre Brutzeit erstreckt sich von Mai bis Juli. Während dieser Zeit sollte landwirtschaftlich genutztes Grünland weder gemäht noch von Tieren beweidet werden.

ZIPPAMMER

Insbesondere das Männchen wird oft mit männlichen Sperlingen verwechselt. Letztere haben jedoch im Scheitelgefieder keine schwärzlichen Streifen. Ältere Zipp- ammermännchen zeigen eine sehr große Reviertreue bei ihrem Brutterritorium. Ist ihr vorjähriges Revier bei ihrer Rückkehr durch einen jungen Nebenbuhler besetzt, kommt es oftmals zu tagelangen heftigen Kämpfen, bevor einer der Kontrahenten das Feld räumt.

WISSENSCHAFTLICHER NAME:
Emberiza cia

FAMILIE: Emberizidae

VERBREITUNGSGEBIET:
Nordwestafrika und Südeuropa über Kleinasien bis in die Himalajaregion

LEBENSRAUM: trockene, sonnige Hänge mit großer Vorliebe für Weinberge

LÄNGE: 16 cm

HAUPTNAHRUNG: Sämereien, Spinnen, Insekten

ANZAHL DER BRUTEN PRO JAHR: 1–2

ANZAHL DER EIER PRO GELEGE: 3–6

BEOBACHTEN
Im Herbst hacken Zippammern sehr oft die reifen Samenkapseln von ganz unterschiedlichen krautigen Pflanzen auf, um anschließend den Inhalt zu fressen.

GOLDAMMER

WISSENSCHAFTLICHER NAME:
Emberiza citrinella

FAMILIE: Emberizidae

VERBREITUNGSGEBIET:
große Teile Europas bis Mittelsibirien

LEBENSRAUM: offene, von
Gehölzgruppen durchzogene
Landschaften, Waldränder,
Baumalleen

LÄNGE: 16,5 cm

HAUPTNAHRUNG: Körner,
Sämereien, Knospen, kleine
Beeren, Insekten, Spinnen

**ANZAHL DER BRUTEN
PRO JAHR:** 2

**ANZAHL DER EIER
PRO GELEGE:** 3–5

SCHÜTZEN

Die Goldammer ist ein
Bodenbrüter und errichtet ihre
Nester sehr häufig direkt unter
einem Strauch oder einer Hecke. Um
die Vögel nicht während des Brütens
zu stören, sollte man auf Schnitte
und sonstige Arbeiten an niede-
ren Gehölzen im Zeitraum von
Ende April bis Mitte Juli
verzichten.

Die meisten Goldammern bleiben auch im Winter großräumig in ihrem Heimatgebiet, wo sie Schwärme bilden. Ende Februar verlassen die Männchen nach und nach diese Schwärme, um ein Revier zu beset-zen. Falls kurz danach noch einmal eine Schlechtwetter-periode einsetzt, geben die Männchen zwi-schenzeitlich ihre Reviere auf und kehren zum Schwarm zurück.

▶ *Die Goldammer erhielt
ihren Namen aufgrund
des gelben Kehl- und
Kopfgefieders.*

ORTOLAN

Für den Ortolan ist auch die Bezeichnung Gartenammer sehr geläufig. Er ist ein sehr scheuer Vogel, was unter anderem daran liegt, dass ihm schon seit Jahrhunderten nachgestellt wird, weil er in manchen Ländern als Delikatesse gilt. Den Winter verbringen die Ortolane im subtropischen Afrika oder auf der Arabischen Halbinsel.

WISSENSCHAFTLICHER NAME:
Emberiza hortulana

FAMILIE: Emberizidae

VERBREITUNGSGEBIET:
große Teile Europas bis Mittelsibirien und Kleinasien

LEBENSRAUM: offenes Gelände, Ödland, Steppen, Felder, gelegentlich auch auf Streuobstwiesen oder in Obstgärten

LÄNGE: 16 cm

HAUPTNAHRUNG: Sämereien, Insekten und deren Larven, Spinnen

ANZAHL DER BRUTEN PRO JAHR: 2

ANZAHL DER EIER PRO GELEGE: 4–6

SCHÜTZEN
Die Bestände des Ortolans sind nahezu überall stark abnehmend. Aus diesem Grund ist es besonders wichtig, seine Lebensräume zu erhalten und diese nicht mit Düngemittel oder Insektiziden zu belasten.

◄ *Links das Männchen, oben das Weibchen*

ROHRAMMER

Betrachtet man das Männchen, wird sofort klar, warum die Rohrammer auch als „Rohrspatz" bezeichnet wird, denn dessen Gefiederfärbung erinnert sehr an die eines Sperlings. Die Redensart „Schimpfen wie ein Rohrspatz" ist in den Rufen dieses Vogels begründet, die lang gezogen und recht rau klingen.

Seit ein paar Jahren ist immer häufiger zu beobachten, dass Rohrammern ihre Nester auch in Getreidefeldern errichten.

SCHÜTZEN
Um an Gewässern die Rohrammern nicht beim Brüten oder der Jungenaufzucht zu stören, sollte von Badenden und Wassersportlern zu den breiten Schilfsäumen ein Abstand von mindestens 20 Meter eingehalten werden.

▼ *Weibchen*

WISSENSCHAFTLICHER NAME:
Emberiza schoeniclus

FAMILIE: Emberizidae

VERBREITUNGSGEBIET:
fast ganz Europa bis nach Kamtschatka

LEBENSRAUM: sumpfiges Gelände mit reichlich Röhricht und Weidengestrüpp, Verlandungszonen von Gewässern

LÄNGE: 15 cm

HAUPTNAHRUNG: Sämereien, Knospen, Insekten und deren Larven, Spinnen, Würmer

ANZAHL DER BRUTEN PRO JAHR: 2

ANZAHL DER EIER PRO GELEGE: 5–6

SCHNEEAMMER

WISSENSCHAFTLICHER NAME:
Plectrophenax nivalis

FAMILIE: Calcariidae

VERBREITUNGSGEBIET:
arktische Regionen Eurasiens
(inklusive Island) und Nordamerikas

LEBENSRAUM: offene, steinige
Landschaften von der Küste bis
ins Gebirge

LÄNGE: 16,5 cm

HAUPTNAHRUNG: kleine Sämereien, Insekten

**ANZAHL DER BRUTEN
PRO JAHR:** 1–2

**ANZAHL DER EIER
PRO GELEGE:** 4–6

BEOBACHTEN
Auf sommerlichen Urlaubs-
reisen in nordische Gebiete
kann man diese bodenbrütende
Art zuweilen beobachten. Die Nester
befinden sich zwischen Steinen und
Felspalten, da diese besseren Schutz
vor den rauen Winden bieten.
Zusätzlich werden die Nester mit
wärmenden Haaren und Fe-
dern ausgekleidet.

Insbesondere zur Brutzeit tritt bei den Schneeammern ein ausgeprägter Farb-unterschied bei den Geschlechtern auf. Während bei den Männchen das Gefieder schwarz und weiß ist, domi-nieren bei den Weibchen weiße und bräunliche Farbtöne. Die Schnee-ammer taucht in Mittel- und Ost-europa sowie in Südschweden lediglich als Wintergast auf.

▼ *Weibliche Schneeammer*

NEUNTÖTER

Aufgrund seines ähnlichen Aussehens wird das Weibchen der auch Rotrückenwürger genannten Art von Unkundigen gelegentlich für einen Haussperling gehalten. Im Unterschied dazu, stellt das dunkle „Bankräuber-Augenband" des Männchens ein Merkmal dar, an dem sich der männliche Neuntöter eindeutig erkennen lässt.

Männliche Neuntöter legen „Vorratskammern" an, indem sie in der Nähe des Nistplatzes Insekten, junge Mäuse und kleine Amphibien oder Reptilien auf dornigen Zweigen aufspießen. Davon lässt sich der Name der Vögel herleiten. Wird das Nahrungsangebot knapper, bedienen sich sowohl das Männchen als auch das Weibchen an diesen Vorräten. Bei der Nahrungsaufnahme verschlingen die Neuntöter auch

unverdauliche Bestandteile. Bevor sie aber eine „neue Mahlzeit" zu sich nehmen,

SCHÜTZEN

Nach menschlichem Empfinden sind die beispielsweise in einer Heckenrose aufgespießten Beutetiere des Neuntöters sicherlich weniger geschmackvoll anzuschauen. Wird eine solche Vorratskammer im Garten oder auf der eigenen Streuobstwiese entdeckt, sollte man sie trotzdem nie entfernen, denn die Würger benötigen sie als Nahrungsreserve für schlechte Zeiten.

▼ Neuntöter-Pärchen mit Nachwuchs

speien sie die unverdaulichen Bestandteile der vorherigen Mahlzeit in Form kleiner Gewölle aus.

Neuntöter gehören zu den Langstreckenziehern. Spätestens Anfang September begeben sie sich in ihre Winterquartiere, die südlich der Sahara liegen.

WISSENSCHAFTLICHER NAME:
Lanius collurio

FAMILIE: Laniidae

VERBREITUNGSGEBIET:
große Teile Europas bis Kleinasien und Mittelsibirien

LEBENSRAUM: offene, von kleinen Gehölzgruppen durchzogene Flächen, Streuobstwiesen, Waldränder

LÄNGE: 18 cm

HAUPTNAHRUNG: Insekten, Spinnen, Regenwürmer, Spitzmäuse, Mäuse, Amphibien, junge Reptilien

ANZAHL DER BRUTEN PRO JAHR: 1

ANZAHL DER EIER PRO GELEGE: 4–6

▼ *Männlicher Neuntöter mit schwarzer Gesichtsmaske und rotbraunem Rückengefieder*

RAUBWÜRGER

In Europa verkörpert der Raubwürger die größte Art innerhalb der Familie der Würger. Die meisten Exemplare verbleiben entweder ganzjährig in ihren Brutgebieten oder ziehen im Herbst nur über relativ kurze Strecken in etwas südlichere Gefilde.

Als Ausgangspunkt für seine Jagdflüge wählt der Raubwürger gern exponierte Plätze wie Weidezaunpfähle oder Äste. Von dort aus hat er eine besonders gute Sicht auf das umliegende Gelände. Wird eine Maus oder ein anderes kleines Beutetier erspäht, fliegt der Raubwürger zunächst steil abwärts, um gleich darauf in einen bodennahen Gleitflug überzugehen. Anschließend erlegt er die Beute mit einem oder mehreren kräftigen Schnabelhieben.

Männliche Raubwürger fressen nicht alle Beutetiere sofort auf, sondern deponieren einen Teil in einer „Vorratskammer". Das geschieht entweder durch Aufspießen im dornigen Gestrüpp oder indem die Beute in einer Astgabel eingeklemmt wird. Interessanteweise spielt die Füllmenge der Vorratskammer bei der Partnerwahl eine Rolle. So bevorzugen die Weibchen diejenigen Männchen, deren Vorratskammern gut gefüllt sind.

BEOBACHTEN

Die Gattungsbezeichnung *Lanius* bedeutet im Lateinischen passenderweise Fleischer. Denn mit etwas Fantasie erinnern die Beutetiere in den Vorratskammern eines Raub- oder Rotrückenwürgers an die aufgehängten Würste und Fleischteile in einer Fleischerei.

WISSENSCHAFTLICHER NAME:
Lanius excubitor

FAMILIE: Laniidae

VERBREITUNGSGEBIET:
große Teile Europas und Nordafrikas über Vorderasien bis Westsibirien, Mittelasien und Indien

LEBENSRAUM: offene, von kleinen Gehölzbeständen durchsetzte Flächen, von Bäumen gesäumte Landstraßen

LÄNGE: 25 cm

HAUPTNAHRUNG: Mäuse, Spitzmäuse, kleinere Vögel, Insekten, Würmer

ANZAHL DER BRUTEN PRO JAHR: 1

ANZAHL DER EIER PRO GELEGE: 4–7

PIROL

Bei dem auch als Goldamsel oder Vogel Bülow bezeichneten Pirol ist ein sehr ausgeprägter Sexualdichromatismus vorhanden, weshalb das weniger plakativ gefärbte Weibchen gelegentlich für einen Grauspecht *(Picus canus)* gehalten wird.

Auenwälder stellen den Lieblingslebensraum der Pirole dar. Daher besteht die dringlichste Schutzaufgabe darin, sich dafür zu engagieren, dass möglichst viele ihrer Biotope in unverändertem Zustand erhalten bleiben. Während der Paarungs- und Brutzeit besetzen die Pirole Reviere, die ausgesprochen aggressiv gegen Artgenossen verteidigt werden. Ebenso werden größere Vögel,

◀ *Pirolweibchen sind blasser gefärbt als die Männchen.*

die potenzielle Nesträuber darstellen, wie etwa Elstern und Eichelhäher, sehr energisch von den Pirolen angegriffen und zumeist auch erfolgreich in die Flucht geschlagen. Ihre Aufzuchterfolge erhöhen die Pirole dadurch, dass sich die Jungvögel aus der vorjährigen Brut häufig mit um die Nestlinge kümmern, indem sie ebenfalls Nahrung herantragen.

Pirole sind Langstreckenzieher, die als europäische Brutvögel im Spätsommer in ihre Winterquartiere fliegen. Diese befinden sich vor allem im südlichen Ostafrika.

SCHÜTZEN

Neben dem Engagement für den Schutz von Auen- und Bruchwäldern sollte man im eigenen Garten auf Kontaktinsektizide verzichten, durch die ansonsten insbesondere Schmetterlinge vernichtet werden. Stattdessen kann man beispielsweise Kohlpflanzen mit feinmaschigen Netzen abdecken, sodass möglichst viele Kohlweißlinge als Nahrung für Pirole und andere Vögel erhalten bleiben.

WISSENSCHAFTLICHER NAME:
Oriolus oriolus

FAMILIE: Oriolidae

VERBREITUNGSGEBIET:
große Teile Europas (mit Ausnahme des Nordens) bis Mittelasien und Nordwestafrika

LEBENSRAUM: lichte Laub- und Auenwälder mit hohen Bäumen, seltener in Parks, Feldgehölzen, Gärten und auf Streuobstwiesen

LÄNGE: 24 cm

HAUPTNAHRUNG: Insekten (mit Vorliebe Schmetterlinge) und deren Larven, außerdem Kirschen und Beeren

ANZAHL DER BRUTEN PRO JAHR: 1

ANZAHL DER EIER PRO GELEGE: 3–5

KOLKRABE

Der Kolkrabe ist der größte Singvogel der Welt. Seinen Populärnamen verdankt er einer seiner Lautäußerungen, die wie „korrk" klingt und mit etwas Fantasie in „Kolk" umgewandelt wurde. Raben spielen sowohl in der Mythologie, in Sagen als auch in einigen Märchen eine bedeutende Rolle. Beispielsweise gehören die Raben Hugin und Munin zu den Lieblingstieren Odins, der als oberster germanischer Gott gilt. In der Barbarossasage wird ein Zwerg beauftragt, nachzusehen, ob die Raben noch um den Kyffhäuserberg fliegen.

In diesem Fall will der Stauferkaiser Friedrich I. noch weitere hundert Jahre schlafen. Und auch in den Kinder- und Hausmärchen der Gebrüder Grimm sind diese Vögel mit den „Sieben Raben" vertreten.

BEOBACHTEN

Besteht einmal die Möglichkeit, die zwischen Januar und Februar stattfindenden Balzflüge der Kolkraben zu beobachten, sollte man sich dieses beeindruckende Schauspiel keinesfalls entgehen lassen. Hoch oben am Himmel fliegend, erweisen sich die Tiere als wahre Luftakrobaten. Dabei stoßen sie häufig ihre weithin hörbaren Rufe aus.

Wie viele andere Rabenvögel auch können Kolkraben nicht nur Tierstimmen, sondern auch menschliche Worte gut imitieren. Außerdem zeigen sie häufig ein ausgeprägtes Spielverhalten, das am liebsten gemeinsam mit Artgenossen praktiziert wird. Beispielsweise kann man Raben gelegentlich dabei beobachten, wie sie sich von Sanddünen oder mit Schnee bedeckten Hügeln herunterrollen lassen. Nicht minder beliebt ist das Spielen mit Gegenständen, wie etwa Stöcken und kleinen Steinen.

WISSENSCHAFTLICHER NAME:
Corvus corax

FAMILIE: Corvidae

VERBREITUNGSGEBIET:
mit Ausnahme einiger Teile von West- und Mitteleuropa in fast ganz Europa, Asien (außer äußerster Norden und Süden), Nordamerika

LEBENSRAUM: offene Landschaften, Wälder, Feldgehölze, karges Bergland, Küstenregionen

LÄNGE: 63 cm

HAUPTNAHRUNG: Aas, kleine Säugetiere, Würmer, Großinsekten, größere Körner, Obst, Vögel, Siedlungsabfälle

ANZAHL DER BRUTEN PRO JAHR: 1

ANZAHL DER EIER PRO GELEGE: 3–6

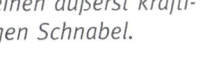

◀ *Kolkraben besitzen einen äußerst kräftigen Schnabel.*

AASKRÄHE

▼ *Auf der linken Seite Nebelkrähen, rechts Rabenkrähen*

Bei der Aaskrähe treten zwei äußerlich unterscheidbare Formen auf, wobei die grau-schwarze Form als Nebel- und die rein schwarze als Rabenkrähe bezeichnet wird. Man bezeichnet diese auch als Farbmorphen.

Das Verbreitungsgebiet der Rabenkrähe konzentriert sich ausgehend von der Iberischen Halbinsel über Frankreich und Norditalien bis nach Mitteleuropa, wo die Elbe in etwa den Grenzbereich darstellt. Östlich der Elbe schließt sich das Verbreitungs-

WISSENSCHAFTLICHER NAME:
Corvus corone

FAMILIE: Corvidae

VERBREITUNGSGEBIET:
ganz Europa und Kleinasien bis
Ostsibirien und Japan

LEBENSRAUM: offenes Gelände
mit Feldgehölzen, Auenwälder,
Parks, Siedlungen

LÄNGE: 48 cm

HAUPTNAHRUNG: Aas, größere
Sämereien, Würmer, Käfer,
kleine Wirbeltiere, Vogeleier,
Abfälle

**ANZAHL DER BRUTEN
PRO JAHR:** 1

**ANZAHL DER EIER
PRO GELEGE:** 2–6

SCHÜTZEN
Wer seinen Hühner- oder
Entenküken im Frühjahr einen
Auslauf im Garten ermöglicht, sollte
dafür sorgen, dass diese nicht zu
einer leichten Beute für Aaskrähen und
andere Rabenvögel werden. Das lässt
sich beispielsweise bewerkstelligen,
indem über dem Auslauf ein
engmaschiges Netz oder Ma-
schendraht gespannt
wird.

gebiet der Nebelkrähe an. Entlang der
„Elbe-Grenze" kommt es auch zu Ver-
mischungen der beiden Farbformen.

Wenn es um ihren Nachwuchs geht,
verstehen Aaskrähen – wie auch alle
anderen Rabenvögel – keinen Spaß.
Sogar extrem große Vögel, wie
etwa Steinadler, werden
mutig attackiert, wenn sie
dem Nest zu nahe kom-
men. Außerdem gehört
es zum Verhaltens-
repertoire der Aas-
krähen, anderen
Vögeln Futter
abzujagen.

SAATKRÄHE

Saatkrähen sind Kulturfolger, die sich seit mehreren Jahrzehnten verstärkt in Ortschaften ansiedeln. Bei Landwirten sind sie unbeliebt, weil sie oft das ausgebrachte Saatgut ausgraben und fressen. Bei einem reichlichen Nahrungsangebot legen Saatkrähen auch kleine Vorratslager in Baumhöhlen, Borkenritzen oder unter Steinen an.

BEOBACHTEN
Saatkrähen sollten in Siedlungsbereichen nicht mit Essensresten – zum Beispiel auf dem Kompost – gefüttert werden, weil dies auch schnell Ratten anlockt.

UNTERSCHEIDUNGSMERKMALE

	Kolkrabe	Saatkrähe	Rabenkrähe
Schnabel	sehr groß und kräftig wirkend, völlig schwarz	wirkt mehr länglich, Schnabelwurzel ist hell und unbefiedert	wirkt kürzer und kräftiger als bei der Saatkrähe, völlig schwarz
Stimme	grok, kräh, kroar oder klong, rak	kroh, kräh, korr, kja	kräh, wärr, kirrk, konk
Körperlänge	63 cm	47 cm	48 cm
Nester	einzeln	einzeln	in Kolonien

WISSENSCHAFTLICHER NAME:
Corvus frugilegus

FAMILIE: Corvidae

VERBREITUNGSGEBIET:
West-, Mittel- und Osteuropa
sowie weite Teile von West-
und Ostasien

LEBENSRAUM: Ackerflächen,
Wiesen und Weiden mit einigen
hohen Bäumen, Siedlungen,
Deponien

LÄNGE: 47 cm

HAUPTNAHRUNG: kleine Wirbeltiere, Schnecken, Würmer,
Insekten, Körner, Nüsse, Beeren, Abfälle

**ANZAHL DER BRUTEN
PRO JAHR:** 1

**ANZAHL DER EIER
PRO GELEGE:** 3–6

DOHLE

Die Dohle ist der kleinste, aber auch intelligenteste einheimische Rabenvogel. Zudem sind sie sehr „sprachbegabt" und können sowohl hervorragend menschliche Worte nachplappern als auch Tierstimmen imitieren. Dohlen sind sehr gesellige Vögel, die sich in der Gemeinschaft von Artgenossen und auch Krähen richtig wohlfühlen. Das Brüten erfolgt ebenfalls bevorzugt in unmittelbarer Nachbarschaft zu Artgenossen, wobei Höhlen aller Art – darunter sogar ausgediente Kaninchenbaue – als Nistmöglichkeiten genutzt werden.

BEOBACHTEN

Einige der gemeinschaftlich lebenden Dohlen bilden räuberische Trupps, deren „Gangmitglieder" hervorragend miteinander kommunizieren. Sie plündern beispielsweise Nistkästen, die für größere Vogelarten angebracht wurden. Während einige Dohlen sich als Plünderer betätigen, „stehen die anderen Schmiere" und beobachten die Umgebung, ob die Kasteneigentümer zurückkehren oder sich Fressfeinde nähern. Ist das der Fall, werden die Plünderer akustisch gewarnt und im nächsten Moment ergreift die „Dohlengang" die Flucht.

Zu den Fressfeinden der Dohlen gehören unter anderem der Uhu *(Bubo bubo)*, der Seeadler *(Haliaeetus albicilla)* und der Habicht *(Accipiter gentilis)*. Werden derartige Fressfeinde von einer Gruppe Dohlen rechtzeitig bemerkt, formieren sie sich zu einem „Verteidigungsverband" und attackieren gemeinsam den deutlich größeren Räuber. Oftmals haben sie damit Erfolg, sodass der verdutzte Feind die Flucht ergreift.

WISSENSCHAFTLICHER NAME:
Coruus monedula

FAMILIE: Corvidae

VERBREITUNGSGEBIET:
fast ganz Europa mit Ausnahme des äußersten Nordens, Nordwestafrika, Kleinasien, große Teile von Zentralasien bis Nordindien

LEBENSRAUM: Steinbrüche, Felsküsten, alte Gebäude und Kirchen, Parks und Waldränder mit alten Bäumen; offene Flächen für Nahrungssuche

LÄNGE: 33 cm

HAUPTNAHRUNG: Insekten, Würmer, Schnecken, Nestlinge, Vogeleier, Sämereien, Obst, Aas

ANZAHL DER BRUTEN PRO JAHR: 1

ANZAHL DER EIER PRO GELEGE: 3–6

EICHELHÄHER

Auf den ersten Blick will man kaum glauben, dass der sehr farbenprächtige Eichelhäher zu den Rabenvögeln gehört. Viele Jäger und Forstleute bezeichnen ihn als „Waldpolizisten", denn wenn er einen Menschen im Wald bemerkt, lässt er sein rätschendes Geschrei ertönen, das nahezu alle größeren Tiere zur Flucht veranlasst. Aber die „Waldpolizei" ist nicht die einzige Passion dieses Krähenvogels. Des Öfteren betätigt er sich auch – wenngleich unfreiwillig – als Pflanzer, indem er an verschiedenen Stellen Eicheln und Nüsse als Vorräte im Boden sowie in morschen Holzstubben versteckt. Denn der Eichelhäher merkt sich nicht alle diese Stellen,

BEOBACHTEN

Viele Rabenvögel können Worte und tierische Laute imitieren. Zu diesen Arten gehört auch der Eichelhäher. Taucht er in der Nähe einer Futterstation auf, so ertönt mitunter das vermeintliche „Wijääh" eines Mäusebussards. Tatsächlich ist dieser Greifvogel aber fast nie in der Nähe. Stattdessen ahmt nur ein kluger Eichelhäher den Schrei nach, um kleine Vögel zu vertreiben und den Futterplatz für sich allein zu beanspruchen.

▶ *Die typischen blau-schwarzen Federn an den Flügeln*

sodass sich die vergessenen Eicheln und Nüsse zu Gehölzen entwickeln können.

In den letzten Jahrzehnten entwickelte er sich vielerorts auch zum Kulturfolger, der vor allem im Winter immer häufiger menschliche Siedlungen anfliegt.

WISSENSCHAFTLICHER NAME:
Garrulus glandarius

FAMILIE: Corvidae

VERBREITUNGSGEBIET:
fast ganz Europa, Nordwestafrika und Kleinasien bis China und Japan

LEBENSRAUM: unterholzreiche Waldgebiete, vor allem im Winter auch menschliche Siedlungen

LÄNGE: 35 cm

HAUPTNAHRUNG: Mäuse, Eier, kleine Jungvögel, Reptilien, Würmer, Beeren, Eicheln, Sämereien

ANZAHL DER BRUTEN PRO JAHR: 1

ANZAHL DER EIER PRO GELEGE: 3–5

TANNENHÄHER

Auch der Tannenhäher legt im Herbst Vorratskammern für den Winter an, in die er vor allem Zirbelkiefersamen und Haselnüsse deponiert. Zunächst hackt er mit seinem Schnabel ein Loch in den Erdboden. Anschließend würgt er die im Kropf verstauten Samen in die Vorratskammer und deckt sie mit Erdreich zu. Erstaunlicherweise finden Tannenhäher etwa 75–85 Prozent ihrer Vorrats-

kammern sogar dann wieder, wenn diese von einer geschlossenen Schneedecke überzogen sind. Woran sich der Tannenhäher dabei orientiert, ist bisher immer noch ein Rätsel.

Von Zeit zu Zeit erscheinen Invasionen von Tannenhähern aus Osteuropa und Sibirien, um in Mitteleuropa zu überwintern. In den meisten Fällen kehren aber fast alle dieser Wintergäste anschließend in ihre Heimatgebiete zurück.

BEOBACHTEN
Gelegentlich erscheinen Tannenhäher auch im winterlichen Garten, um dort nach Futter zu suchen. Wer diese Vögel dann häufiger beobachten möchte, sollte als Lockfutter ein paar Nusssäckchen aufhängen.

WISSENSCHAFTLICHER NAME:
Nucifraga caryocatactes

FAMILIE: Corvidae

VERBREITUNGSGEBIET:
Teile Mitteleuropas, Südskandinavien, Osteuropa bis Kamtschatka und Japan

LEBENSRAUM: Nadelwälder
mit reichlich Fichten- und/oder
Zirbelkieferbeständen

LÄNGE: 28–32 cm

HAUPTNAHRUNG: Amphibien,
Reptilien, Insekten und deren
Larven, Sämereien, Beeren,
Früchte

**ANZAHL DER BRUTEN
PRO JAHR:** 1

**ANZAHL DER EIER
PRO GELEGE:** 3–4

ELSTER

WISSENSCHAFTLICHER NAME:
Pica pica

FAMILIE: Corvidae

VERBREITUNGSGEBIET:
fast ganz Europa, Kleinasien,
große Teile Asiens bis Kamtschatka und China

LEBENSRAUM: Siedlungen,
Parks, Alleen, Obstgärten, einzeln stehende Baumgruppen

LÄNGE: 45 cm

HAUPTNAHRUNG: Vogeleier, Jungvögel, Hühnerküken,
Kleinsäuger, Insekten, Würmer,
Früchte, Sämereien, Abfall (auch
aus öffentlichen Papierkörben)

**ANZAHL DER BRUTEN
PRO JAHR:** 1

**ANZAHL DER EIER
PRO GELEGE:** 4–8

BEOBACHTEN

Wer Elstern beispielsweise mit kleinen Fleischstücken auf eine kurze Distanz von unter 15 Meter anlocken möchte, benötigt dafür in der Regel sehr viel Geduld. Als Beobachtungsposten kann man sich dazu auf eine Bank setzen und dann weitgehend reglos verhalten. Anschließend kann es trotzdem sehr lange dauern, bevor diese misstrauischen Vögel sich an das Futter wagen.

Die Elster ist eine sehr vorsichtige, aber auch sehr diebische Art, die sogar von Eulen und Greifvögeln Teile der erlegten Beute stiehlt. Dabei betreiben Elsterpaare fast immer Teamwork, indem ein Partner die Eule beziehungsweise den Greifvogel ablenkt, während der andere stiehlt. Bei einer drohenden Gefahr – zum Beispiel einem auf Beuteflug befindlichen Habicht –

schreien die Elstern lautstark. Außerdem schließen sie sich nicht selten mit anderen Rabenvögeln zusammen, um den Greifvogel zu attackieren.

Aufgrund ihrer diebischen Art wird die Elster bei den allermeisten Menschen in keinem „guten Licht" gesehen. Das war aber nicht immer so. Beispielsweise galt die Elster in der germanischen Mythologie als Götterbote und Lieblingsvogel der stets gerechten Todesgöttin Hel. Auch bei einigen Indianerstämmen genoss sie eine hohe Wertschätzung, weil sie als Geist angesehen wurde, der den Menschen freundlich gesonnen ist.

REGISTER

BILDNACHWEIS

FOTOGRAFIEN

Ellen Ababou, Artern: S. 17 (6), 18 (3), 43 (3 r.), 147 (4)

Hans-Werner Bastian, Brühl: S. 84 (10), 85

Fotolia.com: S. 1 (© popovj2), 4 o. (© kart31), 4 u. (© Victor Tyakht), 5 o. (© Erni), 6 (©Alexander Ozerov), 8 o.l. (© Daniel Prudek), 8 o.r. (© Henrik Larsson), 9 o. (© roteruebe), 9 u. (© fotoliaanjak), 10 o. (© Björn Wylezich), 10 u. (© Floki), 11 o. (© Jürgen Hust), 11 u. (© Fotoschlick), 12 o. (© Stefanie), 12 u. (© bennytrapp), 12 M. u. (© nata777_7), 12 M. o. (© coco194), 13 o. (© kuhbohne15), 13 u. (© Pereginskaya), 14 o. (© Ingo Bartussek), 14 u. (© M. Schuppich), 15 o. (© Xaver Klaussner), 16 u.r. (© zmijak), 19 o. (© RioPatuca Images), 20 u. (© RioPatuca Images), 23 (© Christine Kuchem), 24 u. (©Kalle Kolodziej), 25 o. (© Pascale Gueret), 27 (© Phimak), 28 o. (© Gert Hilbink), 28 u. (© Sergey Ryzhkov), 29 (© Tatiana), 30 o. (© John Smith), 30 M. o. (© Dzmitry), 30 M. u. (© LinieLux), 30 u. (© M. Schuppich), 31 o. (© Soru Epotok), 31 M. (© VOLODYMYR KUCHERENKO), 31 u. (© Wim), 32 l. (© fotomaster), 32 r. (© Joachim Neumann), 33 Hauptbild (© Erni), 33 a (© Morten), 33 b (© gerwbosma), 33 c (© die_maya), 33 d (© Erni), 33 e (© kwasny221), 33 f (© popovj2), 33 g (© JuergenL), 33 h (© drakuliren), 33 i (© AlekseyKarpenko), 33 k (© sid221), 34/35 (© Ingo Bartussek), 36 u. (© fotoparus), 36/37 (© markmedcalf), 37 o. (© ASakoulis), 38 (© dule964), 39 (© dule964), 40/41 (© abiwarner), 41 r. (© Garmon), 42 (© PIXATERRA), 43 l. (© Erni), 44 (© mirkograul), 45 o.l. + o.r. (© sid221), 45 u. (© Eric Isselée), 46/47 (© regulus56), 48 (© gabisteffen), 49 o. (© imageBROKER), 49 u. (© JuergenL), 50 (© Jesus), 51 o. (© fotoparus), 51 u. (© Michael Schroeder), 52 (© Tatiana), 53 (© Ingo Bartussek), 54 (© YK), 55 o. (© VOLODYMYR KUCHERENKO), 55 u. (© fotoparus), 56 l. (© NickVorobey.com), 56 r. (© Erni), 57 o. (© Erni), 57 u. (© fotoparus), 58 (© sid221), 59 o. (© Erni), 59 u. (© imageBROKER), 60 l. (© sid221), 60 r. (© juancarlos1969), 61 o. (© fotoparus), 61 u. (© NickVorobey.com), 62 (© imageBROKER), 63 o. (© sid221), 63 u. (© fotomaster), 64 (© Bernd Wolter), 65 (© fotoparus), 66 o. (© dule964), 66 u. (© NickVorobey.com), 67 (© VOLODYMYR KUCHERENKO), 68 o. (© hannurama), 68/69 (© motivjaegerin1), 70 (© hannurama), 71 (© hannurama), 72 (© Bernd Wolter), 73 o. (© stefan), 73 u. (©Ingo Bartussek), 74/75 (© Ingo Bartussek), 76 (© JuhaSa), 77 (© JuergenL), 78 (© Alexander Potapov), 79 (© Karlos Lomsky), 80/81 (© fotoparus), 82 o. (© Soru Epotok), 82 u. (© popovj2), 86 (© lucaar), 86/87 (© Sergey Ryzhkov), 87 u. (© Sergey Ryzhkov), 88 (© Karin Jähne), 89 (© gallas), 90 (© bereta), 91 r. (© VOLODYMYR KUCHERENKO), 91 u.l. (© riksons), 92 (© Alexander Erdbeer), 93 l. (© VOLODYMYR KUCHERENKO), 93 r. (© purplequeue), 94 (© Heinz Waldukat), 95 o. (© Erni), 95 u. (© Michal), 96 o. (© Sergey Ryzhkov), 96 u. (© YK), 97 (© OAPhotography), 98 (© bereta), 99 (© PIXATERRA), 100 (© Bernd Wolter), 101 (© hannurama), 102/103 (© NickVorobey.com), 104 (© creativenature.nl), 105 (© sid221), 106 (© hfox), 107 o. (© Klaus Brauner), 107 u. (© VOLODYMYR KUCHERENKO), 108 (© holgman1), 109 (© ondrejprosicky), 110 o. + u. (© Erni), 111 o. (© YK), 111 u. (© fotomaster), 112 (© die_maya), 113 (© janny2), 114 o. (© Erni), 114 u. (© fotomaster), 115 (© drakuliren), 116 (© Erni), 117 (© Erni), 118/119 (© kart31), 119 (© gerwbosma), 120/121 (©motivjaegerin1), 122 l. (© bearacreative), 122 r. (© fotonaturali), 123 o. (© fotoparus), 123 u. (© AlekseyKarpenko), 124 (© bearacreative), 125 (© Aleksey Zakharov), 126 o. (© fotoparus), 126 u. (© Sergey Ryzhkov), 127 (© Vitaly Ilyasov), 128 o. + u. (© Jesus), 129 (© fotoparus), 130 (© Sergey Ryzhkov), 131 (© Sergey Ryzhkov), 132 (© losonsky), 133 o. (© Erni), 133 u. (© Sergey Ryzhkov), 134 (© Morten), 135 (© ihorhvozdetskiy), 136 o. (© Zacarias da Mata), 136 u. (© Jesus), 137 (© scooperdigital), 138 (© Morten), 139 o. (© Polarpx), 139 u. (© fotomaster), 140 o. (© Karin Jähne), 140 u. (© markmedcalf), 141 (© fotoparus), 142 o. (© Vitaly Ilyasov), 142 u. (© fotoparus), 143 o. (© abiwarner), 143 u. (© schaef), 144 (© lucaar), 145 o. (© AlekseyKarpenko), 145 u. (© VOLODYMYR KUCHERENKO), 146 o. (© AlekseyKarpenko), 146 u.l. (© Eric Isselée), 146 u.r. (© ihelg), 148/149 (© NickVorobey.com), 150 o. (© Fotoeventis), 150 u. (© Erni), 151 o. (© Narupon), 151 u. (© Pabkov), 152 l. (© Heiner Witthake), 152 r. (© PIXATERRA), 153 (© NickVorobey.com), 154 u. (© bearacreative), 155 (© Risto), 156/157 (© dejuna), 158 (© Parato), 159 (© manuel), 160/161 (© dejuna), 161 o. (© Simonas), 162/163 (© Tatiana), 163 o. (© fsanchex), 164 (© drakuliren), 165 o. (© Heiner Witthake), 165 u. (© YK), 166 o. (© drakuliren), 166 u. (© fotomaster), 167 o. (© VOLODYMYR KUCHERENKO), 167 u. (© juancarlos1969), 168 o. (© Patryk Kosmider), 168 u. (© VOLODYMYR KUCHERENKO), 169 (© Alexander Erdbeer), 170 (© PIXATERRA), 171 o. (© PIXATERRA), 171 u. (© roblan), 172 o. (© PIXATERRA), 172 u. (© sid221), 173 o. (© Jesus), 173 u. (© fotomaster), 174 o. (© Tatiana), 174 u. (© Victor Tyakht), 175 (© etnonature), 176 o. (© sid221), 176 u. (© fotomaster), 177 o. (© Erni), 177 u. (© fotomaster), 178 l. (© PIXATERRA), 178 r. (© Erni), 179 (© Montipaiton), 180 l. (© VOLODYMYR KUCHERENKO), 180/181 (© fotoparus), 182 (© mirkograul), 183 (© Geza Farkas), 184 o. (© YK), 184 u. (© Wim), 185 (© fotomaster), 186 (© Sergey Ryzhkov), 187 o. (© Sergey Ryzhkov), 187 u. (© BGSmith), 188/189 (© NickVorobey.com), 190 o. (© sid221), 190 u. (© tanyaden), 191 o. (© Maciej Olszewski), 191 u. (© Eric Isselée), 192/193 (© abiwarner), 194 o.+u. (© Eric Isselée), 195 (© Maciej Olszewski), 196 (© Maciej Olszewski), 197 o. (© Risto), 197 u. (© Eric Isselée), 198 (© Javier Castro), 199 o. (© Sergey Ryzhkov), 199 M. (© artworks-photo), 199 u. (© Tatiana), 200/201 (© Tatiana), 202 o. (© Fexel), 202 u. (© pisotckii), 203 (© Montipaiton), 204 (© abiwarner), 205 o. (© Sergio Martínez), 205 u. (© Eric Isselée)

Axel Gutjahr, Stadtroda: S. 7 (3), 8 u., 15 u., 21 (4), 22 (4), 24 o., 25 u., 26 u., 91 M. l.

MEV Verlag GmbH, Augsburg: S. 33 j

Ina Müller, Renthendorf: S. 26 o.r. + M.

ILLUSTRATIONEN UND GESTALTUNGSELEMENTE

Fotolia.com: Zettelabriss (© picsfive)

Sonja Heller, Menden: S. 16 o.

Benno Müller, Renthendorf: S. 16 M. + u.l., 19 u., 20 o., 26 o.l., 100 u.r.

Malcolm Powell, Bergisch-Gladbach: S. 83

Wikimedia Commons: S. 154 r. o. (Ursula Wulfert, Werbeteam Wulfert Coswig), r. u. (https://rekos.psp.cz/)